# 209 Anaesthesiologie und Intensivmedizin
## Anaesthesiology and Intensive Care Medicine

vormals „Anaesthesiologie und Wiederbelebung"
begründet von R. Frey, F. Kern und O. Mayrhofer

*Herausgeber:*
H. Bergmann · Linz (Schriftleiter)
J. B. Brückner · Berlin   M. Gemperle · Genève
W. F. Henschel · Bremen   O. Mayrhofer · Wien
K. Meßmer · Heidelberg   K. Peter · München

Meinhard Rust

# Schmerzempfindung bei Schwangerschaft und Geburt

Endorphinerge Schmerzmodulation

Mit 36 Abbildungen

Springer-Verlag
Berlin  Heidelberg  New York
London  Paris  Tokyo

*Priv.-Doz. Dr. med. Meinhard Rust*
Institut für Anästhesiologie der Technischen Universität,
Klinikum Rechts der Isar, Ismaninger Straße 22,
D-8000 München 80

ISBN 3-540-50513-X Springer-Verlag Berlin Heidelberg New York
ISBN 0-387-50513-X Springer-Verlag New York Berlin Heidelberg

CIP-Kurztitelaufnahme der Deutschen Bibliothek
Rust, Meinhard: Schmerzempfindung bei Schwangerschaft und Geburt:
endorphinerge Schmerzmodulation/Meinhard Rust.
Berlin; Heidelberg; New York; London; Paris; Tokyo: Springer, 1989
(Anaesthesiologie und Intensivmedizin; Bd. 209)
ISBN 3-540-50513-X (Berlin ...) brosch.
ISBN 0-387-50513-X (New York ...) brosch.
NE: GT

Satz und Druck: Zechnersche Buchdruckerei, Speyer
Bindearbeiten: J. Schäffer, Grünstadt

2119/3140-543210 – Gedruckt auf säurefreiem Papier

*Meiner Frau Marie Claude*
*und unseren Kindern Isabelle und Olivier*
*gewidmet*

# Vorwort

Die Themen „Geburtshilfe und Geburtsschmerz" haben in der Geschichte der Anästhesie eine lange Tradition.

Pioniere und Mitbegründer des Faches Anästhesie, wie James Young Simpson (1811–1870) aus Schottland, John Snow (1813–1858) aus England und Walter Channing (1786–1876) aus den Vereinigten Staaten sahen schon bald nach Durchführung der ersten Äthernarkose durch William Morton (1819–1868) die Möglichkeit, den Geburtsschmerz mit der neu entdeckten Methode zu bekämpfen. In einem Bericht des königlichen Hofarztes Lord Snow aus dem Jahre 1858 heißt es: „On the 19th of January 1847, just a month after the first application of ether on this side of the atlantic, Dr. Simpson of Edinburgh, professor of midwifery in the university of Edinburgh and physician-accoucheur to the Queen in Scotland, administered the vapour in a case of labour and ascertained that it was capable of removing the sufferings of the patient without interfering with the process of parturition". Simpson, später auch Erfinder der Chloroformnarkose, half somit als Geburtshelfer bei der Geburt des jungen Faches Anästhesiologie und dessen Spezialgebietes, der geburtshilflichen Analgesie und Anästhesie. So führte diese großartige Errungenschaft nicht nur, wie der Chirurg K. H. Bauer einmal sagte, „zu einer Humanisierung jeder Operation", sondern auch zur „Humanisierung der Geburtshilfe". Sehr beeindruckt durch die Erfolge der geburtshilflichen Anästhesie, verabreichte Dr. John Snow am 7. April 1853 der Königin Victoria Chloroform, um ihr anläßlich der Geburt ihres Sohnes Leopold den Geburtsschmerz zu nehmen. In seinem Tagebuch berichtet er: „The inhalation lasted fiftythree minutes. The chloroform was given on an handkerchief in fifteen minim doses; and the Queen expressed herself as greatly relieved by the administration" [116].

Das biblische Verdikt des Sündenfalles: „In dolore paries filios" (Moses 1, 3, 16) war somit scheinbar von höchster Stelle in Frage gestellt, und die geburtshilfliche Anästhesie und Analgesie war gesellschaftsfähig geworden. Dieses Ereignis war Ausgangspunkt heftiger weltanschaulicher und religiöser Kontroversen. Noch bis zum heutigen Tage zeugen unzählige wissenschaftliche, aber auch populäre Veröffentlichungen davon, daß Ausmaß, Wesen und Bedeutung des Geburtsschmerzes sowie die Maßnahmen zu seiner Bekämpfung äußerst unterschiedlich beurteilt werden.

Schmerzforschung und Schmerztherapie als wichtige Teilkomponenten anästhesiologischer Tätigkeit haben gerade in den letzten Jahren nicht zuletzt durch die Initiativen renommierter Anästhesisten wie John Bonica aus den Vereinigten Staaten und Rudolf Frey aus Deutschland einen neuen Aufschwung genommen. Unter dem Titel *„ Wege einer patientenorientierten Forschung in der Anästhesiologie"* wertete der Göttinger Physiologe H. J. Bretschneider (1982) diese Entwicklung anläßlich der zweiten Helmut-Weese-Gedächtnisvorlesung folgendermaßen [13]: „Die Schmerzforschung darf meines Erachtens die gleiche klinische Relevanz beanspruchen wie eine kausale Krankheitsforschung oder die Grundlagenforschung in der Medizin. Die Anästhesie hat hier noch ein weites Feld vor sich: Sie sollte eine fachübergreifende Zusammenarbeit mit der Neurophysiologie, der Neurologie, der Neurochirurgie, der Allgemeinchirurgie und der Pharmakologie suchen".

Im Sinne dieser von Bretschneider geforderten interdisziplinären Zusammenarbeit haben wir uns schon frühzeitig mit dem akuten und chronischen Schmerz sowie den zugrundeliegenden physiologischen und biochemischen Vorgängen am Menschen beschäftigt. Besonders die 1975 von Hughes und Kosterlitz [63] erstmals nachgewiesenen opiataktiven, endogenen Liganden der 1972 von Pert und Snyder [95], Simon [122] und Terenius [132] entdeckten Opiatrezeptoren, die sog. endogenen Opioidpeptide oder Endorphine [59], gaben Anlaß dazu, uns seit 1978 mit der Rolle von Neurotransmittersystemen in Verbindung mit dem Endokrinium und der Antinozizeption zu beschäftigen [22–24, 102–113, 144].

Die menschliche Geburt als naturgegebenes Modell mit ihren Komponenten Schmerz und Streß schien dabei für die Aufklärung möglicher endokriner [80] sowie antinozizeptiver Wirkungen [104] peptiderger Opioidsysteme besonders geeignet zu sein. Daher wurde das traditionelle Thema *„Geburtsschmerz"* unter dem Aspekt aktueller neurobiologischer Erkenntnisse Gegenstand der vorliegenden Arbeit.

München, im März 1989                    *Meinhard Rust*

# Danksagung

Die vorliegende Dissertation ist das Ergebnis einer langjährigen Beschäftigung mit der Thematik des Geburtsschmerzes. Schon 1978 kristallisierte sich in Gesprächen mit Prof. Dr. H. Teschemacher, Dr. V. Höllt und Fr. Dr. K. Csontos vom Max-Planck-Institut für Psychiatrie, München, die Idee einer antinoziptiven Wirkung endogener Opioidpeptide unter der Geburt als Arbeitshypothese heraus. Durch intensive Kontakte mit Prof. Dr. A. Struppler, Prof. Dr. A. Weindel und Dr. M. Gessler von der Neurologischen Klinik der TU München, Prof. Dr. W. Zieglgänsberger vom Max-Planck-Institut für Psychiatrie, München, und Prof. John W. Holaday vom Walter Reed Institute of Research, Washington, wurden die notwendigen neurophysiologischen und pharmakologischen Untersuchungsansätze für unsere Arbeit ermöglicht. Die Untersuchungen selbst wurden mit Hilfe der Medizinstudenten cand. med. Rolf Egbert und cand. med. Monika Keller unter oft schwierigen Bedingungen durchgeführt. Dies war nur möglich durch die wohlwollende und aktive Unterstützung von Prof. Dr. H. Graeff, Dr. J. Johannigmann, Dr. F. Jaenicke und anderen Ärzten, Schwestern und Hebammen aus der Frauenklinik und Poliklinik der Technischen Universität München.

Prof. Dr. P. Bottermann von der II. Medizinischen Klinik und Priv.-Doz. Dr. J. Boettger von der Klinik für Nuklearmedizin führten die notwendigen Hormonspiegelbestimmungen durch. Dr. M. Bartelmes vom Max-Planck-Institut für Psychiatrie, Priv.-Doz. Dr. K. Ulm und Dr. L. Seebauer halfen bei der statistischen Bearbeitung und Begutachtung der Untersuchungsergebnisse. Herr cand. med. P. Gerl half bei der Erstellung der Graphiken und Fr. M. Grabert bei der Fertigstellung des Manuskripts.

Ihnen allen und den vielen ungenannten Mitarbeitern gilt mein besonderer Dank.

# Inhaltsverzeichnis

# 1 Einleitung

## 1.1 Argumente zur „schmerzfreien" Geburt

Eine Veröffentlichung des kanadischen Schmerzforschers Melzack, die im Jahre 1984 in der Zeitschrift „Pain" veröffentlicht wurde, trägt den Titel: „Der Mythos von der schmerzfreien Geburt" [83]. Darin setzt sich der Autor aufgrund eigener Forschungsergebnisse, aber auch unter Berücksichtigung der Literatur, mit der immer noch weit verbreiteten Meinung auseinander, die „normale" menschliche Geburt sei schmerzfrei. Zu dieser Meinung haben populäre Veröffentlichungen von Dick-Read mit dem Titel: „Natural Childbirth" und „Childbirth without fear" aus den Jahren 1939 und 1944 [29, 30] sowie von Lamaze mit dem Titel: „Painless childbirth. Psychoprophylactic Method" aus den Jahren 1970 geführt [70].

Ohne den Wert psychoprophylaktischer Methoden zur Geburtsvorbereitung in Frage stellen zu wollen – (sie haben in analoger Form in weiten Bereichen unseres sozialen Lebens wie Sport, Kultur etc. Eingang gefunden) – stellte sich angesichts des von uns bearbeiteten Themas die Frage, ob denn die auf diese Arbeiten zurückzuführende Behauptung, die menschliche Geburt sei an sich schmerzfrei, einer Überprüfung standhält. Somit müssen die Einzelargumente dafür kritisch diskutiert werden, die statistischen Voraussetzungen anhand von Untersuchungen an ausreichend großen Kollektiven gesichert sowie der Erfolg entsprechender Behandlungsmethoden statistisch überprüfbar sein. Drei Grundbehauptungen werden regelmäßig von Anhängern der „natürlichen", schmerzfreien Geburt angeführt:

Die erste Behauptung besagt, Tiere hätten während des Geburtsvorganges keine Schmerzen. Deshalb sei das Auftreten von Schmerzen bei der menschlichen Geburt kein physiologisches Geschehen, sondern lediglich Ausdruck zivilisatorisch anerzogenen oder erlernten Angst- und Spannungsverhaltens. Schmerz sei somit nur eine operante „Fehl"-Konditionierung im Sinne eines Circulus vitiosus von Angst, Spannung und Schmerz.

Sicher sind die anatomischen Verhältnisse des Tieres, speziell des Beckens, nicht einfach auf den aufrecht gehenden Menschen übertragbar. Doch ist Schmerzverhalten, sog. nozizeptives Verhalten, bei der Geburt von Säugern (auch von Primaten) anhand typischer motorischer und vegetativer (meßbarer) Reaktionen und auch anhand fetaler Reaktionen (schmerzbedingter fetaler Distreß) eindeutig nachweisbar. Auch sind typische Lautgebungen der Tire durchaus keine Ausnahme [73]. Beim Rind gibt es eine schmerzbedingte Wehenhemmung. Diese führt in der Tierzuchthaltung zum systematischen Einsatz der Epiduralanästhesie, womit eine schmerzbedingte Wehenhemmung behoben werden kann [33]. Somit sind die vom Tier auf den Menschen übertragenen Rückschlüsse äußerst zweifelhaft, da deren Voraussetzungen nicht stimmen.

Eine weitere Behauptung besagt, Frauen aus sog. primitiven Kulturkreisen hätten eine schmerzfreie Geburt. Ohne hier das alte Testament als historisches Dokument bemühen zu wollen, finden sich zahlreiche neuzeitliche Autoren, die dies widerlegen [116]. So schreibt Ford aufgrund von Beobachtungen bei 64 sog. primitiven Völkern [38]: „Der weit verbreitete Eindruck, die Geburt bei primitiven Völkern sei unkompliziert und schmerzfrei, läßt sich durch unsere Beobachtungen mit Bestimmtheit in Abrede stellen. Hingegen ist der Geburtsvorgang oftmals verlängert und schmerzhaft". Dies geht auch aus einer 1985 erschienenen Dissertation von Staub über das Gebärverhalten von Frauen in archaischen Kulturkreisen Neuguineas hervor [125]. Somit ist der Schluß nicht haltbar, daß lediglich zivilisatorisch anerzogenes Fehlverhalten für den eigentlich nicht existenten Geburtsschmerz verantwortlich sei.

Eine letzte Argumentation betrifft die Tatsache, daß physiologische Prozesse (Atmen, Urinieren, Sehen etc.) schmerzfrei seien und deshalb der physiologische Vorgang Geburt auch schmerzfrei sein muß. Ohne hier auf die verschiedenen Schmerztheorien einzugehen, verkennt diese Behauptung die Tatsache, daß ein in den Gesamtorganismus integriertes schmerzleitendes und verarbeitendes System existiert, das physiologischerweise erst bei starker noxischer Reizung aktiviert wird und damit eine Störung körperlicher und/oder seelischer Funktionen anzeigt [93]. Im Sinne einer solchen Signal- und Warnfunktion scheint es äußerst sinnvoll, daß der Wehenschmerz sowohl den Beginn als auch das Fortschreiten der Geburt anzeigt, um Schaden von Mutter und Kind abzuwenden.

Aufgrund der akut einsetzenden Symptomatik, deren örtlichen und zeitlichen Begrenzung sowie der vegetativen und psychischen Begleitreaktionen gehört der Geburtsschmerz eindeutig zu den akuten Schmerzsyndromen. Diese werden nach Bonica folgendermaßen definiert [12]: „Acute pain is a constellation of unpleasant perceptual and emotional experiences and associated autonomic (sympathetic) reflex responses and psychological reactions provoked by tissue damage inherent in injury or disease". Die hier beigefügten Gründe lassen sich zwanglos durch den Sonderfall Geburt erweitern!

## 1.2 Art und Häufigkeit des Geburtsschmerzes

Melzack hat mit dem von ihm entwickelten McGill-Schmerzfragbogen (McGill Pain Questionnaire) [81] die Geburten von 141 Frauen erfaßt, davon waren 87 Erstgebärende und 54 Mehrgebärende. Die von ihm entwickelte Methode erlaubt eine indexmäßige Erfassung subjektiver sensorischer und affektiver Schmerzdimensionen sowie eine Erfassung von Schmerzintensität und Häufigkeit. Er geht somit qualitativ über die übliche Erfassung und Einordnung von Schmerzzuständen in „Verbalen Schätz-Skalen" (VRS) oder „Visuellen Analog-Skalen" (VAS) hinaus [54].

Durch die im Index erfaßten charakteristischen Schmerzbeschreibungen ist es möglich, verschiedene klinische, akute und chronische Schmerzsyndrome einander vergleichend gegenüberzustellen. Bei einem Vergleich solcher Schmerzsyndrome mit dem Geburtsschmerz (Abb. 1) fand er, daß der Geburtsschmerz in seiner durchschnittlichen Ausprägung lediglich von der Kausalgie bei chroni-

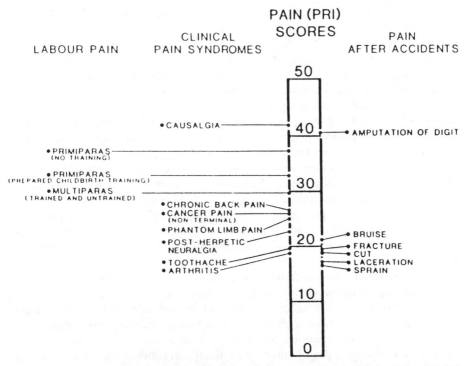

**Abb. 1.** Vergleich der Schmerzindices (PRI) aufgrund von Untersuchungen mit dem McGill Fragebogen. Erfaßt sind Geburtsschmerzen vorbereiteter und unvorbereiteter Erst- und Mehrgebärender, chronische sowie akute, posttraumatische Schmerzsyndrome von Patienten. (Aus [83])

schen Schmerzpatienten sowie dem akuten Schmerz, z. B. bei Amputation eines Fingers, übertroffen wurde. Mit anderen Worten ist der im Index erfaßte Geburtsschmerz durchschnittlich als sehr stark einzustufen, wobei Erstgebärende im Durchschnitt noch stärkere Schmerzen haben als Mehrgebärende [82, 83].

Auch aus Melzacks Arbeiten geht hervor, daß, wie schon lange bekannt, die individuelle Schmerzempfindung unter der Geburt in hohem Maße variiert. Während der Geburt gaben 9,2% der Erstgebärenden sehr leichte bzw. leichte, 29,5% mittlere, 37,9% starke und 23,4% sehr starke Schmerzen an. Psychoprophylaktische Methoden reduzierten die durchschnittliche Schmerzintensität zwar signifikant, dieselbe blieb aber immer noch stark. Auch Neumark fand in eigenen Untersuchungen und in einer Zusammenstellung aus 14 verschiedenen Publikationen, daß unvorbereitete Patientinnen in 70–80% starke Schmerzen hatten, in 15–20% der Fälle waren die Schmerzen ohne zusätzliche Analgetikagabe erträglich und lediglich in 2–8% der Fälle wurden keine Analgetika benötigt bzw. angefordert [89, 90].

Mehrgebärende hatten in Melzacks Untersuchung im Vergleich zu Erstgebärenden niedrigere Skalenwerte. 24,1% der Frauen hatten leichte, 22,6% mittlere, 35,2% starke und lediglich 11,1% der Frauen hatten sehr starke Schmerzen. Auch die individuellen Geburtsverläufe waren sehr unterschiedlich, wobei allerdings die in der Mehrzahl der Fälle zur Anwendung kommende Epiduralanästhesie keine einwandfreie Beobachtung des gesamten Geburtsverlaufs zuließ. Die schon von Bonica beschriebenen äußerst unterschiedlichen, individuellen Schmerzangaben [10, 11] wurden auch in Melzacks Studien bestätigt.

Die Bedeutung physikalischer Faktoren beim Geburtsschmerz zeigte sich darin, daß die Geburtsschmerzen bei Erstgebärenden mit auf die Körpergröße bezogenem höheren Körpergewicht stärker waren als bei Normalgewichtigen. Bei Mehrgebärenden wiederum ergab sich zusätzlich ein Anstieg der Schmerzintensität in Abhängigkeit vom Geburtsgewicht des Neugeborenen.

Die Intensität und Schmerzqualität wurde von den Frauen mit unterschiedlichen Begriffen beschrieben. So wurde von 33% der Erst- und Mehrgebärenden der Schmerz als „krampfartig", „scharf", „durchbohrend", „stechend", „heiß", „brennend" oder „einschießend" bezeichnet. 59% bezeichneten das Schmerzgeschehen als „ermüdend" und 36% als „erschöpfend". Sehr starke Schmerzen wurden von den Frauen mit „schrecklich", „qualvoll" oder gar „unerträglich" bezeichnet.

Aber auch andere Korrelationen zwischen Geburtsschmerz und persönlichen Daten der Frauen ließen sich herstellen. So hatten Gebärende mit einem höheren Sozialstatus weniger Schmerzen als solche mit niederem Status. Junge Frauen hatten mehr Schmerzen als ältere. Anamnestische Menstruationsbeschwerden gingen mit erhöhter Schmerzintensität während der Geburt einher. Auch die Anwesenheit der Ehemänner im Kreißsaal führte zu einer Verstärkung der subjektiven Schmerzsymptomatik.

Aus den vorliegenden Untersuchungen geht außerdem hervor, daß Frauen unter der Geburt sowohl Furcht und Angst um die eigene Gesundheit als auch um die des Kindes entwickeln können; psychoprophylaktische Methoden, z. B. die nach Lamaze [70], können zu einer gewissen Reduzierung des Geburtsschmerzes führen, beseitigen denselben aber nicht! Es kann zu einer Einsparung von Analgetika, einer Verbesserung der Wehentätigkeit und durch eine verbesserte Verarbeitung des Schmerzerlebnisses zu einer Erhöhung der Sicherheit und des Wohlbefindens von Mutter und Kind kommen. Wegen der individuellen Variabilität ist allerdings nicht voraussehbar, wie sich der jeweilige individuelle Geburtsverlauf hinsichtlich des Schmerzgeschehens gestalten wird.

## 1.3 Geburtshilfliche Mechanismen und Geburtsschmerz

Die reiche sensible Nervenversorgung von Uterus, Beckenboden und Perineum sowie deren Bedeutung beim Schmerzgeschehen unter der Geburt sind seit den Arbeiten von Head (1893), Cleland (1933) und Bonica (1967) Gegenstand intensiver klinischer Forschung [10, 11, 20, 57].

Nach Bonica sind 4 geburtshilfliche Mechanismen für die Auslösung des Geburtsschmerzes verantwortlich [11]: die Weitung der Zervix, die Kontraktion und Dehnung des Uterus, die Weitung der Scheide, der Vulva und des Dammes sowie die Dehnung angrenzender Gewebsstrukturen.

Die menschliche Geburt beginnt mit dem Einsetzen der zunächst in größeren Abständen sich wiederholenden, dann im Abstand von etwa 5 min erfolgenden Wehentätigkeit. Komplexe, endokrine Veränderungen des uteroplazentaren Milieus, das seinerseits Einflüssen der fetalen Nebennieren und der mütterlichen und kindlichen Hypophyse unterliegt, sind nach Speroff et al. [124] für die Auslösung der Wehentätigkeit verantwortlich. Möglicherweise kommt es beim Menschen unter dem Einfluß erhöhter fetaler Kortisol- und Dehydroepiandrosteronsulfat-Aktivität (DHEAS) zu einer Abnahme plazentar gebildeten Progesterons und einer Zunahme plazentaren Oestradiols und somit zu einer erhöhten Prostaglandin ($PGE_2$ und $PGF_2$)-Synthese. Die Prostaglandineinwirkung am hormonell sensibilisierten Uterus führt über eine Erhöhung frei verfügbaren Kalziums in den Muskelfibrillen zur Kontraktion des Muskels, d.h. zur Wehentätigkeit. Die Rolle des aus der mütterlichen oder kindlichen Hypophyse stammenden Oxytozins bei der Geburtsauslösung ist noch umstritten. Im Laufe des Geburtsfortschrittes führt Oxytozin über eine Stimulierung der Prostaglandinfreisetzung zu einer Verstärkung der Wehentätigkeit [124].

Die Wehen beginnen am Uterusfundus und drängen dadurch die Frucht nach dem Gebärmutterhals und dem Muttermund. Wie Wylie und auch Friedmann fanden, besteht eine enge Korrelation zwischen der Intensität der Wehenschmerzen und der Weite des Muttermundes in der Eröffnungsphase [39, 149]. Die Korrelation ist bei einer Muttermundsweite zwischen 3 und 8 cm streng linear, d.h. die Schmerzen nehmen mit zunehmender Muttermundsweite zu. Schmerzen setzen nicht unmittelbar mit dem Beginn einer Uteruskontraktion ein, sondern folgen derselben mit einem zeitlichen Abstand von 15–30 s. Nach Caldeiro-Barcia u. Poseiro ist diese Zeitspanne erforderlich, um durch Anhebung des intrauterinen Druckes über 15 mm Hg die Weitung des unteren Uterinsegmentes und der Zervix zu ermöglichen [15]. Die intrauterin gemessenen Wehendrücke selbst zeigen jedoch nach Neumark et al. keinerlei Korrelation zu den in einer Schmerzskala erfaßbaren subjektiven Schmerzangaben [89].

Wird bei einem Kaiserschnitt die Bauchdecke in Infiltrationsanästhesie geöffnet und der freiliegende Uterus palpiert oder inzidiert, so ist dies nicht schmerzhaft. Unangenehme und dem Wehenschmerz vergleichbare Schmerzen treten dagegen bei Berührung und Dehnung der Zervix auf. Auch die instrumentelle oder auch manuelle Dehnung der Zervix während der Schwangerschaft oder bei Nichtschwangeren führt zu einem intensiven, wehenähnlichen Schmerz. Eine Infiltration parazervikalen Gewebes mit Lokalanästhetika (PCA) bewirkt dagegen eine Schmerzausschaltung [10, 11].

Es ist noch unklar, ob auch Nozizeptoren in der Uterusmuskulatur durch Kontraktionen oder Dehnung, Ischämie bzw. Hypoxie oder durch algetische Substanzen, wie z.B. die Prostaglandine, erregt werden. Das Auftreten akuter Schmerzen bei Bildung eines retroplazentaren Hämatoms deutet auf die Aktivierung von Nozizeptoren im Korpusbereich hin. Möglicherweise werden hochschwellige Mechanorezeptoren durch Druck oder Dehnung sensibilisiert bzw. aktiviert [11, 94].

Nicht nur die Dehnung, sondern auch die direkte Traumatisierung von Geweben des unteren Geburtskanals wie Muskulatur, Faszien, Subkutangewebe, Schleimhäute und Haut führt bei fortschreitender Geburt zu einer Aktivierung von Schmerzbahnen. Die auftretenden Schmerzen lassen sich durch Blockierung der Nn. pudeni ausschalten bzw. reduzieren [10].

Auch die Reizung von Strukturen und Geweben, die an den Geburtskanal angrenzen, können zum Schmerzgeschehen beitragen, so etwa durch Zug und Druck auf die Adnexe, das parietale Peritoneum, Blase, Urethra, Rektum oder Fasern des Plexus lumbosacralis. Auch Spasmen der Skeletmuskulatur oder reflektorische Gefäßspasmen können zu einer Verstärkung der Schmerzen führen [11].

Die in der Eröffnungsperiode an der Schmerzleitung beteiligten sensiblen Fasern treten in Höhe der Segmente $TH_{10}-L_1$ in das Rückenmark ein. Die nervale Versorgung der Zervix erfolgt durch dieselben Fasern. Die gegen Ende der Eröffnungsperiode und in der Austreibungsperiode aktivierten Schmerzafferenzen erreichen dagegen das Rückenmark in Höhe der Segmente $S_2$ bis $S_4$. Eine selektive, überwiegend sensible Blockade mehrerer Segmente auf Rückenmarksebene mittels Lokalanästhetika, die sog. Epiduralanalgesie, ermöglicht einen schmerzfreien Geburtsverlauf [10].

Zusammenfassend beruht der durch die Wehen verursachte Schmerz nach Bonica somit primär auf der Dilatation der Zervix und angrenzender Gewebe und erst sekundär auf den uterinen Kontraktionen [11].

## 1.4 Neuronale Systeme und Geburtsschmerz

Aus den bisherigen Ausführungen geht unstreitig hervor, daß der Geburtsschmerz ein natürliches Symptom des physiologischen Geburtsgeschehens beim Menschen darstellt. Die starke Intensität des Geburtsschmerzes ist dabei einerseits Ausdruck der Stärke physikalisch-chemischer Reize, die auf schmerzempfindliche, den Geburtskanal bildende oder diesen begrenzende Gewebe einwirken. Andererseits deutet die ausgeprägte, individuelle Variabilität des Geburtsschmerzes darauf hin, daß außerdem sowohl psychische als auch möglicherweise bisher nicht identifizierte, neuroaktive Faktoren von besonderer Bedeutung sein könnten.

Zum besseren Verständnis des Phänomens Schmerz bzw. Geburtsschmerz sowie der vorliegenden Untersuchungen sei deshalb kurz die Funktionsweise der hierbei beteiligten neuronalen Systeme in Erinnerung gerufen [118, 130, 148, 150, 151, 155–157].

### 1.4.1 Rezeption und periphere Weiterleitung

Akute Schmerzen entstehen meist durch die Erregung spezieller Rezeptoren. sog. Nozizeptoren oder ihrer afferenten Nervenfasern. Nozizeptoren sind freie Nervenendigungen afferenter, schnelleitender, markhaltiger A-δ-Fasern oder markfreier, langsamleitender C-Fasern. Nozizeptoren finden sich in unterschiedlicher Dichte an der Körperoberfläche in der Haut und den Schleimhäuten, in tiefen Geweben wie Muskeln, Bändern und Gelenken und den Eingeweiden. Im Rezeptorbereich entsteht der „Schmerz" durch Empfindlichstellung (Sensibilisierung) und/oder adäquate Reizung der Nozizeptoren. Adäquate Reize können mechanischer, chemischer und/oder thermischer Art sein. Dies ist der Fall bei Dehnung oder Kompression von Geweben, bei lokalen Stoffwechselveränderungen durch Entzündung oder Sauerstoffmangel und bei Kälte- oder Hitzeeinwirkung [118, 130, 148, 155–157].

Hochschwellige Mechanorezeptoren (Mechanonozizeptoren) wandeln den auf sie einwirkenden starken, mechanischen Reiz in elektrische Potentiale um, die als elektrische Impulse „kodiert" über die schnelleitenden A-δ-Fasern weitergeleitet werden. Einige dieser „high threshold" Mechanorezeptoren können auch durch chemische und thermische Reize (z. B. Hitze) aktiviert werden [3, 55, 148, 155–157]. Auf ein Hautareal einwirkende Hitzestrahlung induziert in den A-δ-Fasern eine Entladungstätigkeit, die sowohl mit der Stärke der Reizintensität als auch mit der Stärke der subjektiven Schmerzempfindlichkeit korreliert [3, 53, 55, 148, 156, 157]. Solchermaßen erregte A-δ-Fasern übertragen den rasch wahrnehmbaren hellen, stechenden, gut lokalisierbaren sog. Erstschmerz, der oft von einer unmittelbaren Reflexantwort begleitet wird [3, 53, 55, 148, 156, 157].

C-Faser-Nozizeptoren können durch thermische (Hitzestrahlung), mechanische (Quetschen der Haut) oder chemische Reize (algetische Substanzen) aktiviert werden. Sie werden deshalb auch, nach einem von Bessou u. Perl am Tier entwickelten Konzept, als polymodale Nozizeptoren bezeichnet [9]. Die Mehrzahl der C-Faser-Rezeptoren ist der Gruppe der C-Faser-Nozizeptoren zuzuordnen [148, 156, 157]. Im Gegensatz zu spezifischen Wärmerezeptoren, die bei Temperaturen von 36 °C und mehr erregt werden und ihre Impulse ebenfalls über C-Fasern leiten, wird diese Nozizeptorpopulation erst bei hohen Reizintensitäten erregt [9, 53, 54, 118, 148, 156, 157]. Bei überschwelliger Reizung tritt kein Adaptionsphänomen auf [118]. Lang dauernde, repetitive oder konstant überschwellige Reize können zu einer Sensibilisierung (Sensitization) der C-Faser-Nozizeptoren führen [21, 71, 120, 121, 134, 135, 148]. Bei Verwendung unterschiedlicher Reizmodalitäten sind zur Auslösung erster subjektiver Schmerzwahrnehmung höhere Reizintensitäten erforderlich, als dies zur Nozizeptorentladung notwendig ist, d.h. die subjektive Wahrnehmungsschmerzschwelle liegt höher als die Nozizeptorentladungsschwelle 148, 156, 157]. Offensichtlich müssen sich Nozizeptorerregungen erst räumlich und zeitlich summieren, um zu einer ersten Schmerzwahrnehmung zu führen. Dies wird auch als Summationsphänomen bezeichnet. Die über „langsame" C-Fasern geleiteten nozizeptiven Afferenzen übermitteln den verzögert wahrnehmbaren, in einem Abstand von etwa 1 s auf den Erstschmerz folgenden, schlecht lokalisierbaren und als unangenehm empfundenen Zweitschmerz. Dieser wird deshalb auch C-Faser-Schmerz genannt [9, 21, 52, 53, 55, 118, 130, 136, 148, 156, 157].

## 1.4.2 Verarbeitung auf segmentaler Ebene und Weiterleitung

Nozizeptive Afferenzen werden im Hinterhorn des Rückenmarkes synaptisch auf nachgeordnete Class 2 und Class 3 Neurone übergeleitet. Überträgersubstanz ist dabei wahrscheinlich die Substanz P. Aus beiden Neuronenpopulationen ziehen lange Axone nach Kreuzung zur Gegenseite und über die Vorderseitenstränge zentralwärts [72, 121, 148, 150, 153, 155-157]. Durch schmerzhafte Reize werden ferner, durch Aktivierung segmental-spinaler Neurone, somatische und vegetative Reflexe ausgelöst. Der sog. Fluchtreflex beinhaltet eine ipsilaterale Aktivierung von Flexormotoneuronen und kontralaterale Aktivierung von Extensormotoneuronen. Auch können tonische Reflexe wie z. B. Muskelhartspann auftreten. Die reflektorische Aktivierung sympathischer Fasern führt zu Durchblutungsänderungen in den betroffenen Geweben, wobei ein langanhaltender nozizeptiver Einstrom über eine Rezeptorsensibilisierung zusätzlich verstärkt wird [130, 147, 148, 155-157].

Konvergenz vieler nozizeptiver Fasern aus verschiedenen Körperregionen auf wenige Hinterhornneurone ist wahrscheinlich für die Empfindung sog. übertragener Schmerzen verantwortlich [148, 155-157]. So können Schmerzen aus inneren Organen als auf die Haut lokalisiert empfunden werden. Dieses Phänomen, nach seinem Erstbeschreiber auch als Head'sche Zone bezeichnet, wurde auch bei der menschlichen Geburt beobachtet und beschrieben [10, 11, 57]. Die mit den Head'schen Zonen auftretenden Symptome wie Hyperpathie, Hyperalgesie und Muskelverspannung sind allerdings nicht allein durch Konvergenz zu erklären, sondern sind wahrscheinlich auch Ausdruck der segmentalen, skeletomotorischen und sympathischen Reflexe, die im Sinne eines Circulus vitiosus den übertragenen Schmerz akzentuieren [156, 157].

Das Auftreten von Schmerz ist aber nicht allein als Funktion erregter aszendierender Neurone zu verstehen. Die Bedeutung körpereigener, modulierender Mechanismen bei der Verarbeitung von Schmerzreizen ist in den letzten Jahren Gegenstand intensiver neurophysiologischer und pharmakologischer Forschung.

Von *segmentaler, afferenter Hemmung* bzw. *spinaler Kontrolle* sprechen wir, wenn spinal hemmende Interneurone aktiviert werden [150-157]. Während Hinterhornneurone in den Laminae 1, 4, 5 und 6 (nach Rexed) vorwiegend als Ursprungsort aszendierender Systeme charakterisiert wurden, sind Neurone der Lamina 2 (und 3) Substantia gelatinosa) als Glieder eines Interneuronensystems mit vorwiegend inhibitorischen Eigenschaften identifiziert worden [150-153, 155-157]. Immunhistochemisch lassen sich in den kleinen, kurzaxonigen Interneuronen – neben anderen Neuropeptiden – in hoher Konzentration Methionin- und Leucin- - Enkephalin nachweisen [152, 153, 155]. Werden diese freigesetzt, so interagieren sie, wahrscheinlich postsynaptisch, mit spezifischen Opiatrezeptoren an aufsteigenden, spinothalamischen Bahnen und führen zu einer Verminderung deren neuronaler Entladungstätigkeit [152, 153]. Entsprechend bewirken spinal applizierte exogene Opiate oder Opioidpeptide eine segmentale Hemmung schmerzhaften Einstroms. Dies ist die Grundlage der epiduralen oder intrathekalen Opiatanalgesie [28, 32, 36, 58, 61, 68, 72, 77, 147, 150, 152-155]. Endogene und exogene Opiate bewirken ferner eine Hemmung nozizeptiver, polysynaptischer Reflexe, sog. Flexorreflexe [146, 147].

## 1.4.3 Perzeption, Lokalisation und Wertung in subkortikalen und kortikalen Strukturen

Die spinal modifizierte nozizeptive Information wird größtenteils kontralateral im Vorderseitenstrang des Rückenmarkes weitergeleitet. Dessen aszendierende Fasern lassen sich funktionell und entwicklungsgeschichtlich in 2 Systeme einteilen: den paleospinothalamischen und den neospinothalamischen Trakt. Fasern des neospinothalamischen Traktes projizieren bis zu den ventroposteriolateralen Thalamuskernen (VPL) und der damit verbundenen posterioren Gruppe. Analog enden aus dem Einzugsgebiet des Trigeminus kommende Fasern des Tractus trigemino-thalamicus im Nucleus ventro-postero-medialis. Von dort kommt es zu einer Punkt-zu-Punkt-Projektion weiterführender Bahnen zu den primär sensiblen Rindenfeldern [123, 156, 157]. Opiatrezeptoren liegen nach Snyder an Schaltstellen dieser neospinothalamischen Bahnen in nur geringer Dichte vor [123]. Deshalb sind die so geleiteten nozizeptiven Afferenzen wenig opiatsensitiv. Sie imponieren als heller, meist gut lokalisierbarer „erster" Schmerz.

Im Gegensatz dazu kommt es bei einer Leitung von C-Faser-Afferenzen über den Tractus paleospinothalamicus sive reticulospinothalamicus zum Auftreten des sog. „zweiten" Schmerzes oder Nachschmerzes. Die Mehrzahl spinoretikulärer Fasern zieht bis zur Pons und Medulla oblongata. Längere Fasern ziehen direkt bis zu den thalamischen intralaminären Kernen. Von der Formatio reticularis ergeben sich wiederum weiterführende Projektionen zum medialen Thalamus und dem Hypothalamus. Durch Aktivierung dieses Systems werden schmerzbedingte Allgemeinreaktionen von seiten des Kreislaufs, der Atmung, des Muskeltonus, des Endokriniums und der Emotion vermittelt. Vom Thalamus kommt es zu einer diffusen Projektion weiterführender Bahnen in den gesamten Kortex mit Prädominanz frontaler Anteile [123].

Nach Snyder weisen die Opiatrezeptoren im Zentralnervensystem eine auffällig hohe Dichte an mehreren Schaltstellen des paleospinothalamischen Systems auf [123]. Endogene oder exogene Opioidantagonisten dämpfen oder modulieren dort nozizeptive C-Faser-Afferenzen durch Interaktion mit spezifischen Opiatrezeptoren [58, 69, 77, 87, 150, 155-157]. Stereospezifisch wirksame, reine Opiatantagonisten wie z. B. Naloxon oder Naltrexon dagegen heben dort die Effekte exogener oder endogener Opioidagonisten auf [58, 60, 115, 123, 155-157].

In der Hirnrinde wird Schmerz wahrgenommen und lokalisiert [69, 148, 155-157]. Durch Erfahrung wird die Schmerzerinnerung gebildet und eine Wertung ermöglicht. Dies wiederum ist die Grundlage des bei Mensch und Tier zu beobachtenden „konditionierten" Verhaltens zur Vermeidung bzw. Abwehr schädlicher Noxen.

## 1.4.4 Supraspinale Kontrolle

Aus Untersuchungen an Mensch und Tier weiß man daß es durch Elektrostimulation oder endogene Aktivierung verschiedener Hirnregionen zu einer Analgesie kommen kann [36, 60, 87]. Mehrere Hirnregionen haben sich für die sog. „Stimulation Produced Analgesia" (SPA) beim Menschen als sensitiv erwiesen:

das periventrikuläre Grau (PVG), das periaquäduktale Grau (PAG) um den Aquaeductus Sylvii und der Nucleus ventralis posterior parvocellularis des Thalamus. Die Stimulation im PVG führt zu einer Freisetzung von β-Endorphin, das aus Axonen, deren Perikaryen im hypothalamischen Nucleus arcuatus liegen, freigesetzt wird und eine naloxon-reversible Analgesie hervorruft [2, 62, 101]. Eine Aktivierung dieser Bahnen führt auch zu einer β-Endorphin vermittelten Hemmung von Neuronen im Locus coeruleus [129]. Durch Stimulation des PAG und von Strukturen der lateralen Formatio reticularis (LRF) kann eine *absteigende Hemmung* von Hinterhornneuronen bewirkt werden [17, 40, 156, 157].

Nach heutigen Vorstellungen kommt es durch Stimulation des PAG, aber auch durch Morphineinwirkung an derselben Stelle, zu einer Aktivierung von Raphekernen. Von dort steigen Fasern ins Rückenmark ab und setzen Serotonin als hemmenden Neuromodulator frei. Direkte Injektion von Morphin in Neurone des Nucleus raphe magnus bewirkt ebenfalls eine solche deszendierende Hemmung [5, 31, 131, 156, 157]. Die Rolle der vom Raphesystem zum Vorderhirn aszendierenden Bahnen beim Schmerzgeschehen ist dagegen bisher noch unklar [157]. Bei der Stimulation der Formatio reticularis lateralis (LRF) wird wahrscheinlich Noradrenalin als spinal hemmender Transmitter freigesetzt [5, 155]. Noradrenalin vermittelt offenbar auch die durch die Stimulation des Nucleus reticularis paragigantocellularis bewirkte Antinozizeption. Mikroinjektion von Morphin in dieses Kerngebiet bewirkt eine noradrenalinvermittelte, deszendierende Hemmung [5].

Auch gibt es nach rostral aszendierende monoaminerge Fasern, die bei der Antinozizeption eine Rolle spielen. Hierbei ist offenbar eine Wechselwirkung zwischen Noradrenalin und Endorphinen bzw. Opiaten von Bedeutung [96]. Auch die Stimulation weiter rostral gelegener Strukturen im Hypothalamus, Septum, orbitalen Kortex und sensomotorischen Kortex kann zu einer deszendierenden Hemmung von Hinterhornneuronen führen [18, 19, 69]. Ferner scheinen außer Noradrenalin, Serotonin und Dopamin noch weitere bisher nicht identifizierte Transmittersysteme eine absteigende Schmerzmodulation zu bewirken [155].

Zusammenfassend gibt es also körpereigene spinale und supraspinale Kontrollsysteme [36], deren endogene oder exogene Aktivierung zu einer Modulation nozizeptiven Einstroms führen kann.

# 2 Problemstellung

Während Schwangerschaft, Geburt und Wochenbett kommt es zu einer Vielzahl von Veränderungen im endokrinen System der Frauen. Deshalb lag der Gedanke nahe, daß dabei möglicherweise Opioidpeptide oder Endorphine sowohl endokrine als auch antinozizeptive Wirkungen ausüben könnten.

Wir haben uns aus diesem Grund zusammen mit Csontos, Teschemacher, Mahr, Höllt, Graeff und Weindl seit 1978 mit dem Nachweis von β-Endorphin während der Perinatalperiode beschäftigt, da diesem Opioidpeptid eine starke analgetische Potenz zugeschrieben wurde [76]. Anhand von β-Endorphin-Bestimmungen im Plasma von Schwangeren, Gebärenden und Wöchnerinnen gelang uns der Nachweis, daß endorphinerge Systeme tatsächlich während der Pe-

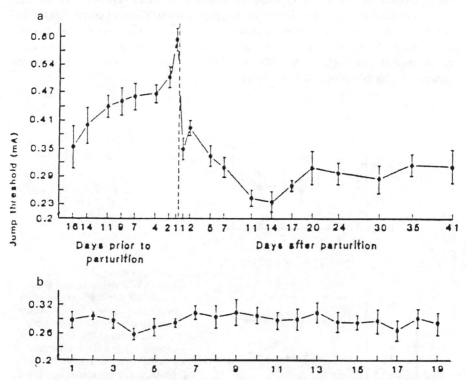

**Abb. 2. a** Durchschnittliche, in mA gemessene Reaktionsschmerzschwellen (jump threshold) schwangerer Ratten vor und nach der Geburt. Die Punkte geben die Mittelwerte der Schmerzschwellen und Standardfehler ( ± SE) bei 8 Ratten wieder. **b** Mittlere Schmerzschwellen ( ± SE) nichtschwangerer Ratten, die parallel zu den obigen Versuchen **(a)** ermittelt wurden. (Aus [43])

rinatalperiode aktiviert werden [22–24, 102, 104, 105, 107, 144]. Diese inzwischen auch von anderen Autoren [4, 37, 41, 46, 67, 126] bestätigten Befunde ließen allerdings offen, welche spezielle physiologische Bedeutung einer solchen Aktivierung endorphinerger Systeme zukommt.

Ein neuer Ansatzpunkt bot sich uns durch eine 1980 von Gintzler veröffentlichte Arbeit [43], die sich unter anderem auf unsere 1979 veröffentlichten Ergebnisse bezog [23]. Gintzler bestimmte die Reaktionsschmerzschwelle von Ratten, indem er die Tiere einem elektrischen Stromstoß aussetzte. Die Stärke des in mA gemessenen elektrischen „noxischen" Reizes, bei der das Tier mit Wegziehen des Beines reagierte, stellte die Reaktionsschmerzschwelle dar (Abb. 2). Gintzler fand bei den trächtigen Tieren zwischen dem 16. und 4. Tag vor der Geburt einen allmählichen Anstieg der Schmerzschwelle und einen steilen Anstieg 1–2 Tage vor diesem Ereignis. Einen Tag postpartal war ein steiler Abfall der Schmerzschwelle zu beobachten. Danach fiel sie bis zum 14. Tag weiter ab, nach 20 Tagen hatten sich die Schmerzschwellen normalisiert. Bei der Kontrollgruppe nichtträchtiger Tiere war ein solcher Schmerzschwellenverlauf nicht festzustellen (Abb. 2).

Der Schmerzschwellenanstieg bei trächtigen Tieren wurde durch eine Langzeitverabreichung des reinen Opiatantagonisten Naltrexon verhindert (Abb. 3a); Naltrexon hatte dagegen bei nichtschwangeren Kontrolltieren keinen signifikanten Einfluß auf den Schmerzschwellenverlauf (Abb. 3b). Gintzler schloß aus seinen Untersuchungen, daß endorphinerge Mechanismen bei der Modulation schmerzhafter „noxischer" Stimuli beteiligt sein müssen und daß dieselben schwangerschaftsbedingt aktiviert werden.

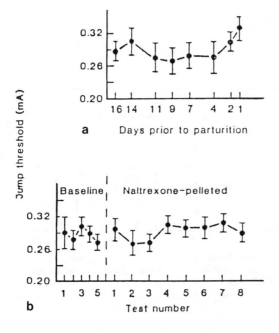

a    Days prior to parturition

b    Test number

Abb. 3. a Mittelwerte und Standardfehler der Schwerzschwellen (mA) schwangerer Ratten vor der Geburt, die mit Naltrexon vorbehandelt wurden. Die Versuche begannen 1 Tag nach Implantation von 2 Pellets mit jeweils 30 mg Naltrexon. b Schmerzschwellen vor und nach Naltrexon-Pellet-Implantation bei nichtschwangeren Tieren. Die Versuche wurden parallel zu den unter a beschriebenen durchgeführt. (Aus [43])

Ziel der vorliegenden Untersuchungen war es daher, beim Menschen mittels eines geeigneten methodischen Ansatzes ein ähnliches Verhalten der Schmerzschwelle als Äquivalent einer veränderten Schmerzempfindung während Schwangerschaft und Geburt nachzuweisen und eine mögliche Beteiligung endorphinerger Mechanismen zu ermitteln.

# 3 Methodik und Untersuchungen

## 3.1 Subjektive Algesimetrie

Die sog. subjektive Algesimetrie befaßt sich u..a. mit der Quantifizierung von Schmerzintensitäten, die nach experimentell gesetzten, standardisierten Schmerzreizen bei gesunden Versuchspersonen oder bei Patienten mit Schmerzen auftreten. Aufgrund subjektiver Angaben wird der Grad der Schmerzintensität üblicherweise mittels einer Schmerzskala erfaßt [54]. In den vorliegenden Untersuchungen haben wir die international anerkannte visuelle Analogskala nach Scott verwendet [119]. Die Stärke der subjektiven Schmerzintensität wird dabei auf einer vorgegebenen 10 cm langen Linie „analog" angezeigt, wobei die Enden der Linie Schmerzfreiheit bzw. einen nicht mehr auszuhaltenden Schmerz kennzeichnen. Die jeweilige Schmerzintensitätsangabe wird numerisch ausgewertet [16, 65, 119].

## 3.2 Experimentelle Algesimetrie mit standardisierter Hitzestrahlstimulation

Der einfachste Ansatz zur experimentellen Algesimetrie beim Menschen besteht in der *Schmerzschwellenmessung*. Dazu wird ein Schmerzreiz einer definierten Reizgröße gesetzt, der gerade die subjektive Empfindung „Schmerz" auslöst. Die Reizgröße, bei der erstmals Schmerz wahrgenommen wird, definiert die *Wahrnehmungsschmerzschwelle*. Diese wird auch als *Absolutschwelle* (AL) bezeichnet. Beim Tier wird dagegen die Reizintensität ermittelt, bei der erstmals „Schmerz"-bedingte Reaktionen wie z. B. Fluchtreflexe oder Muskelzuckungen usw. auftreten. Die so ermittelte Schmerzschwelle wird als *Reaktionsschmerzschwelle* bezeichnet [54].

In den vorliegenden Untersuchungen verwendeten wir die Methode der *standardisierten Hitzestrahlstimulation* (engl.: *graded heat stimulation*), die es gestattet, unter definierten Bedingungen einen eindeutigen, reproduzierbaren Schmerzreiz zu erzeugen, der die Objektivierung und Bestimmung der Wahrnehmungsschmerzschwelle in Form einer meßbaren physikalischen Größe ermöglicht [42, 66]. Dabei werden überwiegend Rezeptoren im C-Faser-Bereich erregt [7, 52, 53, 55, 61, 137, 139, 156, 157]. Da der C-Faser-Schmerz durch endogene bzw. exogene Opioide moduliert wird [68, 72], war aus unserem Versuchsansatz zu erwarten, daß sich eine opioidbedingte Modulation schmerzhaften Einstroms anhand von Veränderungen der Schmerzschwelle nachweisen lassen würde.

Zur Bestimmung der Schmerzschwelle wird ein Hitzestrahl mit zunehmender Intensität auf ein umschriebenes Hautareal in einem definierten Dermatom fokusiert. Dort mißt ein mit der Hitzequelle rückgekoppeltes Thermoelement die aktuelle Hauttemperatur. Mit ansteigender Temperatur wird dabei der Übergang von Wärme in Hitze und dann in Schmerz angegeben. Nach Untersuchungen von Severin et al. sollte der Temperaturanstieg in der Zeiteinheit 0,5 °Cs betragen [121]. Die Temperatur, bei der erstmals Schmerz wahrgenommen wird, definiert die *Wahrnehmungsschmerzschwelle (PTh)* (engl.: Pain Threshold) und wird in Grad Celsius (7) gemessen.

Die wesentlichen Bauelemente der Meßapparatur wurden von Struppler und Gessler (Neurologische Klinik der TU München) in Zusammenarbeit mit Handwerker (II. Physiologisches Institut der Universität Heidelberg) entwickelt (Abb. 4).

Der Hitzegenerator arbeitet nach dem Prinzip eines einfachen Regelkreises. Wird der Schalter in Abb. 4 geschlossen, so beginnt die Lampe zu glühen. Die Strahlung der Lampe wird durch die Linse in der Weise auf die Haut und den Meßfühler gerichtet, daß die Glühwendel innerhalb eines Kleberinges exakt abgebildet wird. Das Thermoelement gibt den aktuellen Temperaturwert (Ist-Wert) an den Reglerteil mit Rückkopplungsmechanismus weiter. Der Rückkopplungsmechanismus steuert die Strahlungsintensität der Lampe ohne Verzögerung, so daß der Ist-Wert an den Soll-Wert angeglichen wird [42, 66].

Der Versuchsaufbau ist in Abb. 5 bei der Messung an einer Versuchsperson dargestellt.

Die meßmethodischen Besonderheiten der Apparatur wurden hinsichtlich möglicher Fehlerquellen und von außen einwirkender Störfaktoren von Gessler sowie Jansen getestet [42, 66]. Der Hitzegenerator arbeitet in dem Meßbereich mit einer Meßbreite von 15 °C–20 °C mit einer geringen physikalischen Abweichung von lediglich ± 0,1 °C.

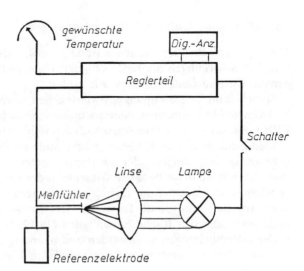

**Abb. 4.** Blockdiagramm zur standardisierten Hitzestrahlstimulation. (Aus [66])

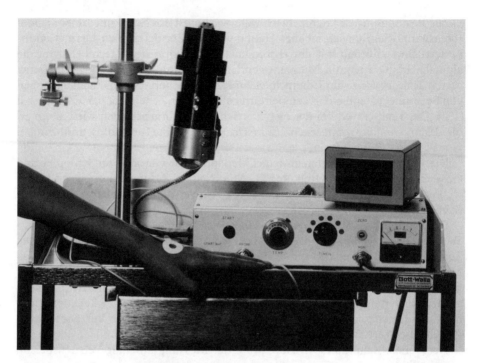

**Abb. 5.** Standardisierte Hitzestimulation am Menschen (Lampe, Klebering mit Hitzefühler auf dem Handrücken, Regler mit Digitalanzeige)

Untersuchungen an gesunden Probanden und an Patienten durch mehrere Untersucher ergaben unabhängig voneinander, daß die Meßanordnung die Erstellung reproduzierbarer, objektiver Meßergebnisse bei der Erfassung der individuellen Wahrnehmungsschmerzschwelle ermöglicht [42, 66, 103, 154].

### 3.3 Allgemeine Untersuchungsbedingungen

Die zu untersuchenden Frauen wurden jeweils eingehend über Sinn und Zweck und Nebenwirkungen der beabsichtigten Untersuchungen unterrichtet, und der genaue Untersuchungsablauf wurde erklärt.

Sprach- und Verständigungsschwierigkeiten, vorherige Einnahme von zentral wirksamen Medikamenten oder pathologische Schwangerschaftsverläufe (z. B. EPH-Gestose) führten zum Ausschluß aus den Untersuchungen.

Medikamenten- oder Plazeboverabreichung an Probandinnen oder Patientinnen wurde nach eingehender Erörterung unter Berücksichtigung des klinisch und experimentell verfügbaren Wissensstandes durch die leitenden Klinikärzte genehmigt. Bei allen Untersuchungsteilnehmerinnen wurde nach Aufklärung über Art, Bedeutung und Tragweite der Untersuchungen unter Zeugen eine mündliche oder schriftliche Einwilligung eingeholt.

Die Untersuchungen an gesunden und neurologisch unauffälligen Schwangeren oder Kontrollpersonen wurden jeweils im Liegen zwischen 8.00 und 10.00

Uhr durchgeführt, um tageszeitliche Schwankungen der Schmerzschwelle auszuschließen. Die Messungen an Gebärenden erstreckten sich dagegen teilweise über mehrere Vormittagsstunden bis in den frühen Nachmittag. Die Untersuchungen wurden jeweils in definierten Dermatomen am Fuß ($S_1$) oder am medialen Handrücken ($C_6$) der rechten Körperhälfte vorgenommen, um die Vergleichbarkeit rezeptiver Felder sicherzustellen.

Die Schmerzschwellenmessungen wurden bei den Probandinnen jeweils so oft wiederholt, bis die gemessenen Schmerzschwellenwerte konstant reproduzierbar waren. Beim (seltenen!) Auftreten eines Erythems wurde zur Messung ein unmittelbar angrenzendes Hautareal desselben Dermatoms herangezogen.

## 3.4 Untersuchungskollektive

Bei 203 gesunden Frauen in gebärfähigem Alter wurden die in Grad Celsius (°C) gemessenen individuellen Schmerzschwellen (PTh) bzw. die Verläufe der zeitlichen Schmerzschwelle bestimmt. 139 Frauen waren Schwangere oder Gebärende; 64 nichtschwangere Probandinnen wurden in 6 Kontrollkollektiven zusammengefaßt.

Bei 80 Frauen mit unkompliziertem Schwangerschaftsverlauf und unterschiedlichen Gestationszeiten bestimmten wir zwischen der 8. und 42. Woche die individuellen Schmerzschwellen. Zwei Gruppen von 14 bzw. 18 nichtschwangeren Probandinnen dienten als Kontrollen. Bei 21 Frauen am Termin wurde ein möglicher Einfluß mütterlicher oder kindlicher Parameter auf die Höhe der mütterlichen Schmerzschwelle untersucht. Bei 8 Schwangeren wurden Vergleichsmessungen in den Dermatomen $S_1$ und $C_6$ durchgeführt. Ferner untersuchten wir bei 8 Frauen den spontanen, postpartalen Schmerzschwellenverlauf.

Die individuellen Schmerzschwellen von 11 Gebärenden ohne Schmerzmedikation wurden jeweils in den Wehenpausen bestimmt. Während der jeweils folgenden Wehe konnte die subjektive Schmerzintensität mit der visuellen Analogskala (VAS) nach Scott erfaßt werden [119]. Die in cm gemessene Muttermundweite diente zur Beurteilung des Geburtsfortschrittes.

Bei weiteren 11 Gebärenden wurde der Effekt von 50 mg Pethidin (Dolantin) i.m. auf die Schmerzschwelle (PTh) und die subjektiv empfundene Schmerzintensität (VAS) untersucht. Als Kontrolle dienten 7 nichtschwangere Patientinnen, die im Rahmen der Anästhesievorbereitung zu Kürettageoperation 50 mg Pethidin (Dolantin) i.m. erhielten.

Bei 7 Frauen wurden 1-2 h nach der vaginalen Entbindung doppelblind eine intravenöse Gabe von Placebo (3 ml NaCl) vorgenommen. Nach 20 min erfolgte eine Injektion von 3 ml Naloxon (1,2 mg). Die individuellen Schmerzschwellen wurden dabei in 5minütigen Abständen gemessen. Zur Kontrolle untersuchten wir 7 gesunde Probandinnen, bei denen die Schmerzschwellen vor und nach Gabe von 1,2 mg Naloxon bestimmt wurden.

Ferner bestimmten wir bei 20 Schwangeren mit unterschiedlichen Gestationszeiten (28.-42. Woche) sowie bei 10 Nichtschwangeren die Schmerzschwellen. Gleichzeitig wurden Blutproben zur Bestimmung von adrenokortikotropem Hormon (ACTH), Kortisol, Progesteron, 17-β-Oestradiol und Dehydroepiandrosteronsulfat (DHEAS) gewonnen. Für die radioimmunologische Bestimmung von ACTH wurden KITs der Fa. Sorin, Italien, für Kortisol der Fa. DPC, USA, für Progesteron, Oestradiol und DHEAS der Fa. Travenol verwendet.

## 3.5 Statistik

Für den Vergleich verbundener quantitativer Merkmale (Intragruppenvergleich) verwendeten wir den Wilcoxon-Test, den Student T-Test, den Sign-Test bzw. den Friedmann-Test. Für den Vergleich unverbundener, quantitativer Merkmale (Intergruppenvergleich) den Mann-Whitney-Test (U-Test). Prüfung auf Zusammenhang zwischen 2 Merkmalen erfolgte durch Korrelationsanalyse nach Pearson. Zur Darstellung zeitlicher Verläufe bei der Demonstration exogener Opiateffekte wurde eine gewichtige Mittelwertkurve nach Cleveland (Streudiagramm-glättung) durchgeführt [113].

# 4 Ergebnisse

## 4.1 Schmerzschwellen und Schwangerschaft

### 4.1.1 Schmerzschwellenverläufe bei Kontrollpersonen

Die individuellen Schmerzschwellen von 14 gebärfähigen Frauen wurden in 5minütigem Abstand über 60 min gemessen. Der Ausgangswert betrug im Mittel 44,9 ± 1,59 °C. Der Vergleich der Meßwerte im Zeitverlauf gegenüber dem Ausgangswert und untereinander ergab weder in der Friedmann-Analyse noch im Wilcoxon-Test für gepaarte Werte statistisch signifikante Unterschiede (Abb. 6).

### 4.1.2 Schmerzschwellen bei Schwangeren

In einer Querschnittsstudie wurden die Schmerzschwellen von 80 Schwangeren im Alter zwischen 20 und 38 Jahren und einem durchschnittlichen Lebensalter von 27,5 ± 4,9 Jahre bestimmt. Als Kontrollen dienten die Schmerzschwellen von 18 nichtschwangeren Frauen im gebärfähigen Alter zwischen 17 und 40 Jahren

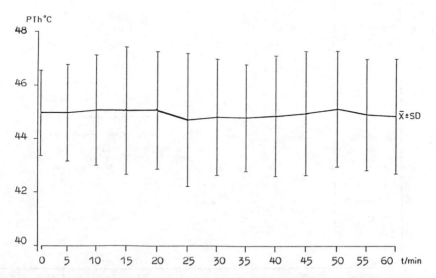

**Abb. 6.** Mittelwerte ($\bar{x}$) und Standardabweichungen (± SD) der in °C gemessenen individuellen Schmerzschwellen (PTh) von 14 nichtschwangeren Probandinnen über einen Zeitraum (t) von 60 min

und einem Durchschnittsalter von 27,8 ± 6,7 Jahren. Die Untersuchungen beider Kollektive erfolgte jeweils unter gleichen meßtechnischen, zeitlichen und räumlichen Bedingungen im Liegen im Dermatom $S_1$ der rechten Körperhälfte. Der durchschnittliche Schwellenwert der 18 Nichtschwangeren betrug 44,5 ± 1,15 °C. Die niedrigsten Werte lagen bei 43 °C, die höchsten bei 47 °C. Die in °C gemessenen individuellen Schmerzschwellen der Schwangeren mit verschiedenen Zeitdauern der Gestation (Wochen) sind in Abb. 7 den bei Nichtschwangeren ermittelten Werten gegenübergestellt.

Ab der 20. Schwangerschaftswoche war gegenüber dem vorhergehenden Schwangerschaftsabschnitt und der Kontrollgruppe eine Häufung höherer individueller Schmerzschwellen zu beobachten. Im weiteren Gestationsverlauf wurde dieser Schmerzschwellenanstieg noch ausgeprägter, wobei es im letzten Trimenon, insbesondere in der Nähe des errechneten Geburtstermins, zu einer Häufung hoher Schmerzschwellenwerte kam. Der höchste gemessene Wert lag bei 58 °C.

Das Gesamtkollektiv der 80 Schwangeren wurde nach Maßgabe der Gestationszeit und der Fallzahlen in 4 Untergruppen ($U_1$–$U_4$) unterteilt (Abb. 8). In dieser Abbildung sind die nach zeitlichen Kriterien ermittelten und in °C gemessenen mittleren Schmerzschwellen (PTh) und Standardabweichungen der 4 Schwangerschaftsgruppen gegenüber der Kontrollgruppe und einer postpartalen Gruppe dargestellt.

In den Untergruppen $U_2$, $U_3$, $U_4$ fanden sich mit mittleren Schwellentemperaturen von 49,4 ± 1,9 °C, 50,2 ± 2,7 °C bzw. 49,9 ± 1,3 °C gegenüber den anderen

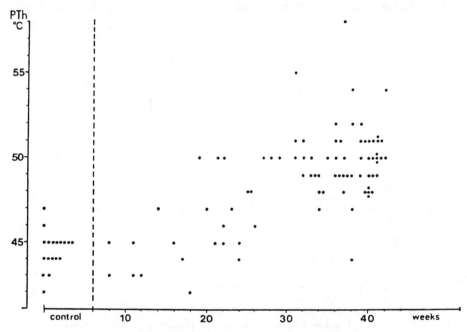

**Abb. 7.** In °C gemessene individuelle Schmerzschwellen (PTh) von 18 Kontrollpersonen (control) und 80 Schwangeren zu verschiedenen Zeitpunkten (Wochen) der Gestation

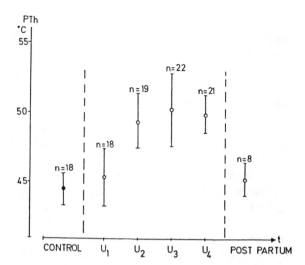

**Abb. 8.** Mittelwerte und Standardabweichungen der in °C gemessenen Schmerzschwellen (PTh) von 80 Schwangeren zu verschiedenen Gestationszeiten, 18 nichtschwangeren Frauen und 8 Frauen nach der Geburt ($U_1 \leqq 24$ Wochen, $U_2 \leqq 34$ Wochen, $U_3 \leqq 39$ Wochen, $U_4 \geqq 40$ Wochen; n = Anzahl)

Gruppen deutlich höhere Werte (Tabelle 1). Die ermittelten und in Untergruppen bzw. Kontrollgruppen zusammengefaßten Meßergebnisse wurden insgesamt mittels des H-Tests (Kruksal Wallis) und im Einzelvergleich mittels des U-Tests (Mann-Whitney) untereinander verglichen.

Im Gruppenvergleich des U-Testes ergaben sich zwischen den Untergruppen (Unit) 2, 3 und 4 signifikante Unterschiede zur Kontrollgruppe, wobei sich zwischen der Gruppe am Geburtstermin ($U_4$) und der Kontrollgruppe auf dem Signifikanzniveau von 0,1% (p = 0,07%) ein hochsignifikanter Unterschied ergab. Ein signifikanter Unterschied ergab sich auch im Vergleich von $U_3$ mit der Kontrollgruppe (p = 0,11%). Im Vergleich der Untergruppen $U_2$, $U_3$ und $U_4$ unterein-

**Tabelle 1.** In °C gemessene mittlere Schmerzschwellenwerte ($\bar{x}$ – °C) und Standardabweichungen ($\pm$ SD) von 98 Frauen nach Gruppenbildung

| Unit | n | $\bar{x}$ [°C] | $\pm$ SD | Control | 1 | 2 | 3 | 4 |
|------|---|------|------|---------|---|---|---|---|
| Control | 18 | 44,50 | 1,15 | | 58,41 n.s. | 1,32* | 0,11** | 0,07*** |
| 1 | 18 | 45,58 | 2,17 | 58,41 n.s. | | 6,11 n.s. | 0,91** | 0,61** |
| 2 | 19 | 49,37 | 1,89 | 1,32* | 6,11 n.s. | | 54,92 n.s. | 45,25 n.s. |
| 3 | 22 | 50,20 | 2,67 | 0,11** | 0,91** | 54,92 n.s. | | 85,21 n.s. |
| 4 | 21 | 49,90 | 1,33 | 0,07*** | 0,61** | 45,25 n.s. | 85,21 n.s. | |

Nichtschwangere Kontrollen (control); Schwangere zu verschiedenen Gestationszeiten Unit$_{1-4}$: $U_1 \leqq 24$ Wochen; $U_2 \leqq 34$ Wochen; $U_3 \leqq 39$ Wochen; $U_4 \geqq 40$ Wochen; n = Fallzahl; $\bar{x}$ = Mittelwert in °C; $\pm$ SD = Standardabweichung; Signifikanzniveau der Gruppenunterschiede im U-Test (%) = p 0,1%***, 0,1–1%**, 1–5%*; n.s. = nicht signifikant.

ander ergaben sich keine Unterschiede, dagegen war beim Vergleich $U_3$ bzw. $U_4$ gegenüber $U_1$ mit Werten von $p = 0,91\%$ bzw. $p = 0,61\%$ jeweils ein signifikanter Unterschied festzustellen.

### 4.1.3 Schmerzschwellen in verschiedenen Dermatomen

Die bei 9 schwangeren Frauen mit unterschiedlichen Gestationszeiten in °C ermittelten Schmerzschwellen in den Dermatomen $S_1$ und $C_6$ sind in Abb. 9 dargestellt.

Im Dermatom $S_1$ wurde eine mittlere Schwellentemperatur von $49,2 \pm 2,2\,°C$ festgestellt. Im Dermatom $C_6$ betrug die durchschnittliche Schwellentemperatur dagegen $49,0 \pm 2,4\,°C$. Der T-Test für verbundene Stichproben ergab mit einem Wert von $p = 16,90\%$ keine statistisch signifikanten Unterschiede bzgl. der Schmerzwellen in verschiedenen Dermatomen (Tabelle 2). Somit war eine Vergleichbarkeit der in diesen Dermatomen gelegenen rezeptiven Feldern gegeben. Ferner zeigte sich, daß sich die Schmerzschwellenerhöhung bei den Schwangeren nicht allein auf die untere Körperhälfte beschränkte.

### 4.1.4 Schmerzschwellen von Schwangeren am Termin und epidemiologische Parameter

Zur Klärung möglicher Einflüsse mütterlicher oder kindlicher Parameter auf die Höhe der mütterlichen Schmerzschwelle wurden die am errechneten Geburtstermin erhobenen Schmerzschwellenwerte von 21 Frauen ($U_4$) in bezug auf Parameter wie Alter, Parität und Körpergewicht der Mutter bzw. Geschlecht, Körpergewicht und Apgarwert (1 min) des Neugeborenen untersucht (Tabelle 2).

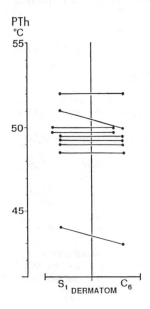

**Abb. 9.** In °C gemessene Schmerzschwellen (PTh) in den Dermatomen $S_1$ und $C_6$ bei 9 Schwangeren

**Tabelle 2.** Schmerzschwellenwerte (PTh) von 21 Schwangeren am Termin und epidemiologische Parameter. x̄-Mittelwerte, ± SD = Standardabweichung. Unter Gruppe 1 bzw. 2 werden die jeweiligen epidemiologischen Unterscheidungskriterien wiedergegeben

| Epidemiologische Parameter | Gruppe 1 | Gruppe 2 | PTh₁ ± SD | PTh₂ ± SD | Signifikanzniveau (U-Test) |
|---|---|---|---|---|---|
| Alter der Mutter | ≤ 27 a | > 27 a | x̄ = 49,4 °C | x̄ = 50,5 °C | 6,10%* |
| | x̄ = 22,8 a | x̄ = 32,6 a | ± 1,02 °C | ± 1,43 °C | |
| Parität der Mutter | 0 | 1–3 | x̄ = 49,4 °C | x̄ = 50,3 °C | 21,88% |
| | | | ± 0,88 °C | ± 1,52 °C | |
| Gewicht der Mutter | ≤ 70 kg | > 70 kg | x̄ = 49,5 °C | x̄ = 50,4 °C | 14,79% |
| | x̄ = 64,33 kg | x̄ = 83 kg | ± 0,9 °C | ± 1,66 °C | |
| Apgar-(1-Min.)-Wert | 10 | < 10 | x̄ = 49,9 °C | x̄ = 49,9 °C | 75,44% |
| | | | ± 1,5 °C | ± 1,16 °C | |
| Geschlecht des Kindes | ♂ | ♀ | x̄ = 50,2 °C | x̄ = 49,5 °C | 41,37% |
| | | | ± 1,4 °C | ± 1,19 °C | |
| Gewicht des Kindes | ≤ 3200 g | > 3200 g | x̄ = 49,7 °C | x̄ = 50,0 °C | 73,33% |
| | x̄ = 2881 g | x̄ = 3536 g | ± 0,81 °C | ± 1,51 °C | |

Als statistisches Vergleichsverfahren kam jeweils der U-Test (Mann-Whitney) zur Anwendung. Eine Unterteilung der Meßwerte von 21 Frauen hinsichtlich des Lebensalters der Mutter (unter oder über 27 Jahren) ergab im U-Test mit einem Wert von $p = 6,10\%$ lediglich einen statistischen Trend in dem Sinne, daß jüngere Frauen etwas schmerzempfindlicher sind als ältere Frauen. Die übrigen gebildeten Gruppen waren jeweils hinsichtlich des Alters vergleichbar. Der Vergleich der 2 Gruppen mit unterschiedlichem Körpergewicht war bzgl. des Schmerzschwellenverhaltens unauffällig ($p = 14,79\%$). Auch das Kriterium Parität ließ keinen Zusammenhang mit der Höhe der Schmerzschwelle erkennen.

Die Bedeutung kindlicher Parameter wie Geschlecht, Körpergewicht und Geburtszustand in bezug auf die mütterliche Schmerzschwelle wurde in analoger Weise analysiert. So ergab der Kriterium des Apgarwertes keinen Zusammenhang mit der Höhe der mütterlichen Schmerzschwelle. Auch hinsichtlich des Körpergewichts der Neugeborenen ergaben sich keine Unterschiede. Geburtsgewichte unter 2500 g lagen allerdings nicht vor. Auch war bezüglich des Geschlechts des Neugeborenen kein Zusammenhang mit der mütterlichen Schmerzschwelle herstellbar.

Somit ergab sich in den Untersuchungen lediglich eine Abhängigkeit der Schmerzschwelle von dem Kriterium einer fortgeschrittenen Schwangerschaft.

## 4.2 Schmerzschwellen und Geburt

### 4.2.1 Schmerzschwellen bei Geburten ohne Schmerzmittel

Bei 11 Frauen mit einem durchschnittlichen Lebensalter von $27,2 \pm 4,2$ Jahren, einem mittleren Körpergewicht von $68,8 \pm 8,86$ kg und einem unauffälligen Schwangerschaftsverlauf wurde das Verhalten der individuellen Schmerzschwelle (PTh) während der Geburt untersucht und gleichzeitig die subjektive Schmerzeinschätzung mittels einer visuellen Analogskala (VAS) erfaßt. Der Geburtsverlauf wurde nach zeitlichen Kriterien und nach der in cm angegebenen Muttermundweite beurteilt. Die untersuchten Frauen benötigten während des Geburtsverlaufs keine Schmerzmittel bzw. andere, zentralnervös wirksame Medikamente.

In Abb. 10a, b sind die in °C gemessenen individuellen Schmerzschwellenverläufe und die skalenmäßig erfaßten, subjektiven Schmerzangaben von 10 Frauen im Verlauf normaler Geburten und von 1 Frau nach vergeblichem vaginalen Entbindungsversuch dargestellt.

Der Geburtsverlauf bzw. -fortschritt wurde mittels zeitlicher Kriterien bzw. anhand der Muttermundweite erfaßt. Bei der Betrachtung der individuellen Geburtsverläufe ist klar erkennbar, daß es im Laufe der Geburt nur zu geringfügigen Schwankungen der absolut erhöhten Schmerzschwelle kommt. Dagegen kommt es in der Regel zu einer Zunahme der subjektiv geäußerten Schmerzintensität.

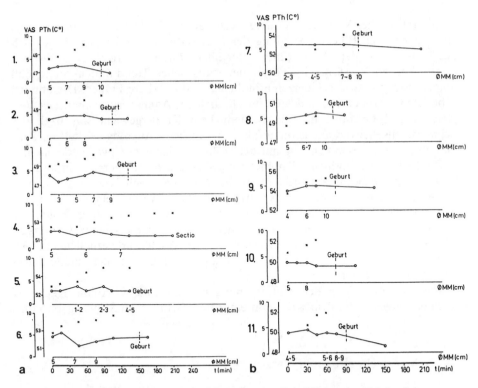

**Abb. 10 a, b.** In °C gemessene individuelle Schmerzschwellen (PTh) und subjektive Schmerzangaben (VAS) von 11 Gebärenden ohne Schmerzmitteleinnahme. Die Doppelordinate gibt die Schmerzschwelle (PTh) und die visuelle Analogskala (VAS) an, die Doppelabszisse den Zeitverlauf in Minuten (t/min) und die in cm gemessene Muttermundweite (MM). Die Schmerzschwellentemperaturen sind durch verbundene Kreise, die VAS-Werte durch Kreuze dargestellt

Die bei 11 Patientinnen zu Beginn der Geburt gemessenen Schmerzschwelle hatten einen Mittelwert von $50,6 \pm 2,7\,°C$ und waren gegenüber dem Mittelwert des Kontrollkollektivs mit $44,5 \pm 1,2\,°C$ höchstsignifikant erhöht (U-Test: $p = 0,01\%***$). Die Schmerzschwellenverläufe wurden hinsichtlich konsekutiver, aber nicht konstanter Meßzeitpunkte (1–5) analysiert, wobei die Werte gegenüber dem Ausgangswert und untereinander mittels des gepaarten Wilcoxon-Tests verglichen wurden. Die Meßzeitpunkte 6 und 7 wurden wegen der geringen Fallzahl in der statistischen Bewertung nicht berücksichtigt. Die Auswertung ergab in keinem der Vergleiche eine statistisch signifikante Veränderung der Schmerzschwelle im Zeitverlauf (Abb. 11).

Zur Ermittlung der intraindividuellen Schwankungsbreite der Schmerzschwelle bei Geburten ohne Analgetikagabe wurde bei den einzelnen Patienten die jeweilige maximale Schmerzschwellenveränderung (Maximalwert minus Minimalwert) innerhalb der Meßzeitpunkte 1–5 ermittelt. Die maximale Schwankungsbreite der Schmerzschwellen war mit einem Mittelwert von $0,6 \pm 0,4\,°C$ normal verteilt. Diese maximale Schwankungsbreite spricht somit, bei einer Meßgenauigkeit der Meßapparatur von $\pm 0,1\,°C$, für eine gute klinische Meßgenauigkeit, falls letztere allein für das Zustandekommen der Schwankungen verantwortlich sein sollte.

Die Tatsache einer fehlenden signifikanten Veränderung der Schmerzschwellentemperaturen zu den konsekutiven Meßzeitpunkten und die beobachtete Normalverteilung der maximalen Schwankungsbreite sprachen somit gegen einen mit fortschreitender Geburt einhergehenden eindeutigen Anstieg oder Abfall der individuellen Schmerzschwellen während der Geburt.

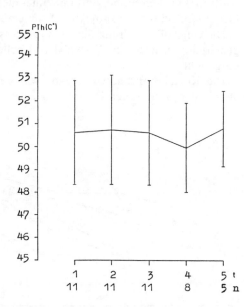

**Abb. 11.** Mittelwerte und Standardabweichungen der individuellen Schmerzschwellen (PTh) zu 5 konsekutiven Meßzeitpunkten ($t = 1$–$5$) bei 11 Frauen während Normalgeburten ohne Schmerzmitteleinnahme

## 4.2.2 Subjektive Schmerzeinschätzung bei Geburten ohne Schmerzmittel

Während normaler Geburten ohne Schmerzmitteleinnahme konnten bei 10 Frauen mittels der visuellen Analogskala Schmerzintensitäten zwischen 3 und 10 festgestellt werden (Abb. 12). Eine schmerzfreie Geburt war somit nicht zu beobachten. Wie die Abbildung zeigt, kam es bei den Frauen unter der Geburt in einer unterschiedlich langen Zeitspanne vor der Entbindung zum Auftreten von individuell unterschiedlich starken Schmerzen. Zu Beginn der Messungen waren Schmerzintensitäten zwischen 3 und 6 (Median 5) feststellbar, 15 min vor der Entbindung jedoch zwischen 7 und 10 (Median 8,5).

Es wurden hinsichtlich der Muttermundweite Gruppen gebildet, wobei Gruppe I, II, III und IV durch die Muttermundweite 1–3, 4–5, 6–8, 9–10 cm charakterisiert waren. Eine statistische Analyse der Schmerzintensitätswerte (VAS) bezüglich der Gruppenunterschiede brachte folgendes Ergebnis: Der 2seitige Sign-Test I–II, I–III, II–III war hochsignifikant unterschiedlich, d.h. es war eine deutliche Abhängigkeit der VAS-Werte von der Muttermundweite festzustellen. Beim Vergleich gegen Gruppe IV wurde zwar kein statistisches Signifikanzniveau erreicht, dies ist aber mit der für dieses Testverfahren zu geringen Fallzahl leicht erklärbar. Die erzielten p-Werte im Sign-Test lagen für die Fallzahl $n = 4$ auf dem rechnerisch maximalen Wert, so daß auch hier von einem deutlich statistischen Trend gesprochen werden kann.

Wie in Abb. 13 dargestellt, wurden die bei der Geburt ermittelten subjektiven Schmerzangaben mit der in cm angegebenen Muttermundweite korreliert. Es ergab sich bei der Analyse der Meßwerte erwartungsgemäß eine enge Korrelation ($r = 0{,}555$) in dem Sinne, daß mit zunehmender Muttermundweite bzw. mit dem Geburtsfortschritt die subjektive Schmerzintensität zunimmt.

Die Gegenüberstellung der in °C gemessenen Schmerzschwelle (PTh) mit den gleichzeitig ermittelten Werten der visuellen Analogskala (VAS) ist in Abb. 14 dargestellt.

Die Korrelationsanalyse ergab zwar kein Korrelationsverhalten ($r = -0{,}234$), aber in der graphischen Darstellung zeigt die Punktverteilung jedoch den Trend,

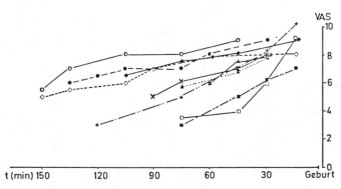

**Abb. 12.** Subjektive Schmerzeinschätzung (VAS) durch 10 Gebärende im Zeitraum (t/Minuten) vor der vaginalen Entbindung ohne Schmerzmitteleinnahme

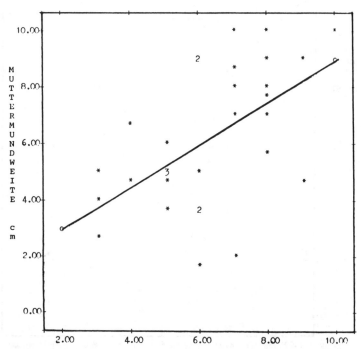

**Abb. 13.** Korrelationsanalyse (nach Pearson) der mittels einer visuellen Analogskala (VAS) erfaßten Schmerzintensität und der Muttermundweite bei 11 Geburten ohne Schmerzmitteleinnahme (n = 31; r = 0,555; p = 0,0013)

daß bei Frauen während der Geburt hohe Schmerzschwellenwerte mit geringerer subjektiver Schmerzintensität einhergehen.

### 4.2.3 Schmerzschwellen bei Geburten mit Pethidin

In den folgenden Untersuchungen stellte sich die Frage, welchen Effekt exogen zugeführte Opiate auf möglicherweise von körpereigenen „endogenen" Opioiden modulierte schmerzleitende Systeme haben.

Bei 11 Gebärenden mit einem durchschnittlichen Lebensalter von 26,2 ± 4,6 Jahren und einem mittleren Körpergewicht von 69,9 ± 5,3 kg wurden nach vorheriger Bestimmung der Schmerzschwelle und Erfassung der subjektiven Schmerzintensität 50 mg Pethidin (Dolantin) i.m. appliziert. Auf das aktuelle Körpergewicht bezogen betrug die mittlere Opiatdosis 0,72 ± 0,056 mg/kg.

In Abb. 15a, b sind die individuellen Verläufe (t/min) der Schmerzschwellen (PTh) sowie die subjektive Schmerzeinschätzung (VAS) vor und nach Injektion des Opiats dargestellt. Der Geburtsfortschritt wurde wiederum anhand der Muttermundweite (cm) beurteilt.

Die mittlere Schmerzschwelle der 11 Frauen vor und zur Zeit der Pethidingabe betrug 49,7 ± 1,4 °C und war damit etwas niedriger als der bei den Geburten ohne Schmerzmittelanwendung gefundene Mittelwert (50,6 ± 2,7 °C). Der ge-

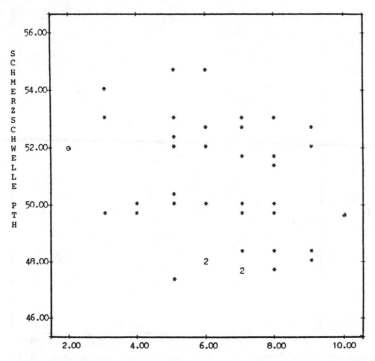

**Abb. 14.** Korrelationsanalyse (nach Pearson) der in °C gemessenen Schmerzschwellen (PTh) und der subjektiven Schmerzintensität (VAS) von Frauen bei Geburten ohne Schmerzmitteleinnahme (n = 37; r = − 0,234; p = 0,1630)

paarte Wilcoxon-Test ergab jedoch diesbezüglich keinen Gruppenunterschied (p = 43,8%). Der Vergleich mit der Kontrollgruppe (s. oben) ergab dagegen einen hochsignifikanten Unterschied (U-Test: p < 0,01%[***]).

Nach Injektion von Pethidin (t = 0 min) kam es nur zu geringen Schwankungen der mittleren Schmerzschwelle im Zeitverlauf mit einem sehr geringen, nicht signifikanten Anstieg der mittleren Schmerzschwelle nach 30 min (x = 50,0 ± 1,3 °C) (Abb. 16).

Der statistische Vergleich der nach zeitlichen Kriterien geordneten Meßwerte gegenüber dem Ausgangswert und untereinander ergab im gepaarten Wilcoxon-Test keine signifikanten Unterschiede.

Ein zu Vergleichszwecken gegenüber der Pethidinstudie bei Nichtschwangeren erstelltes Streudiagramm und die danach erstellte gewichtete Mittelwertkurve (Streudiagrammglättung nach Cleveland-Glättungsfaktor 0,3) ergab eine fast lineare Zeitverlaufscharakteristik (Abb. 17). Die Meßpunkte lagen innerhalb des bei den Schwangeren am Termin gewonnenen Schmerzschwellenbereiches und weit oberhalb des bei nichtschwangeren Kontrollpersonen ermittelten Meßbereiches. Die Gabe von Pethidin bei Frauen während der Geburt ergab somit keine statistisch erfaßbaren Veränderungen der erhöhten Schmerzschwelle im Zeitverlauf.

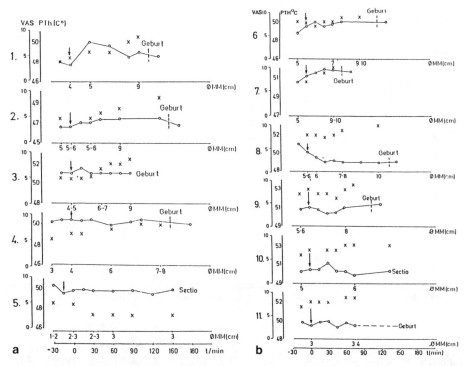

**Abb. 15 a, b.** In °C gemessene individuelle Schmerzschwellen (PTh) und subjektive Schmerzeinschätzung (VAS) von 11 Gebärenden vor und nach Gabe von 50 mg Pethidin i. m. Die Doppelordinate gibt die Schmerzschwelle (PTh) und die visuelle Analogskala (VAS) an, die Doppelabszisse den Zeitverlauf in Minuten (t/min) und die in cm gemessene Muttermundweite (MM). Die Schwellentemperaturen sind durch Kreise, die VAS-Werte durch Kreuze gekennzeichnet. Die Pfeile geben den Zeitpunkt der Opiatapplikation an

## 4.2.4 Subjektive Schmerzeinschätzung bei Geburten mit Pethidin

Zu Beginn der Messungen lag die bei 11 Frauen gemessene Schmerzintensität in der VAS zwischen 4 und 8, wobei ein Ausgangsmedian von 7 ermittelt wurde. Somit lagen die Ausgangswerte des Kollektivs deutlich höher als bei der Kontrollgruppe ohne Schmerzmittel (Median 5). Dies unterstreicht nachträglich die Notwendigkeit einer Schmerzmittelverordnung bei diesen Frauen, da die diesbezügliche Indikation unabhängig vom Untersucher durch die Geburtshelfer aufgrund der klinischen Beurteilung gestellt wurde.

Wie Abb. 18 darstellt, hatten 9 Frauen (2 Frauen bekamen einen Kaiserschnitt) mittlere bis starke Schmerzen, wobei der Skalenanstieg wegen hoher Ausgangswerte (Median = 7) naturgemäß absolut gering ausfiel.

Die zeitliche Gruppeneinteilung (Zeitpunkt 1–7) ergab im Zeitverlauf einen Schmerzskalenanstieg in der VAS von 7 auf 9 (Median) vor der Entbindung. Lediglich in einem Zeitraum von 30 min nach Injektion war ein stationäres Verhalten (Median 7) der Schmerzintensität festzustellen. Dabei gaben die Patientinnen geringfügige passagere Sedierungseffekte an. Im gepaarten Wilcoxon-

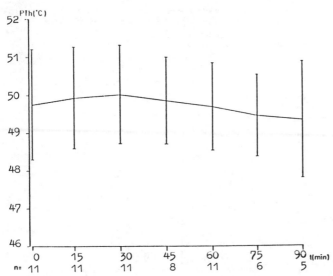

**Abb. 16.** Mittelwerte und Standardabweichungen der individuellen Schmerzschwellen (PTh) zu verschiedenen Zeitpunkten (t/min) nach Pethidingabe. Injektionszeitpunkt: 0 min

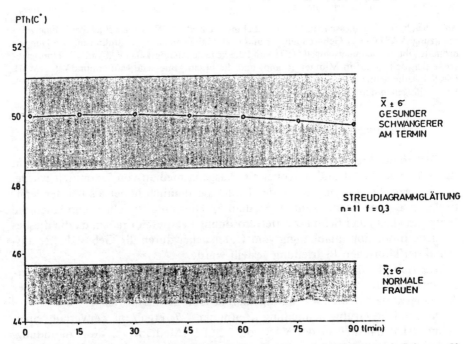

**Abb. 17.** Schmerzschwellenverlauf (PTh) von 11 Frauen während der Geburt nach Gabe von 50 mg Pethidin (Dolantin) i.m. Streudiagrammglättung von Cleveland (Glättungsfaktor 0,3). Die gepunkteten Bereiche geben die bei Nichtschwangeren (unten) und Schwangeren am Termin (oben) ermittelten Meßbereiche (x ± SD) wieder

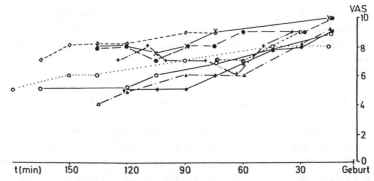

**Abb. 18.** Subjektive Schmerzeinschätzung (VAS) durch 9 Patientinnen vor und nach Gabe (Injektion jeweils am 2. Kurvenpunkt) von 50 mg Pethidin im Zeitraum vor der vaginalen Entbindung

Test war der Vergleich der konsekutiven Meßzeitpunkte 1–7 mit dem Ausgangswert, der mit einem Median von 7 bereits erhöht war, bis auf ein Vergleichspaar (1-h-Wert gegenüber Ausgangswert, p = 1,56%) unauffällig.

Wie in Abb. 19 dargestellt, wurden die in der visuellen Analogskala vor und nach Pethidingabe erhobenen Werte mit der Weite des Muttermundes korreliert. Es ergab sich dabei mit einem Korrelationsfaktor von r = 0,845 eine sehr enge

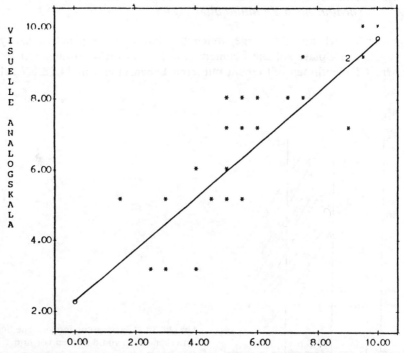

**Abb. 19.** Korrelation (nach Pearson) der visuellen Analogskala mit der Muttermundweite bei 11 Geburten mit Pethidin 50 mg i.m. (Dolantin) (n = 25; r = 0,845; p < 0,0001)

Korrelation in dem Sinn, daß trotz einmaliger Pethidingabe ca. 150 min vor der Entbindung der Geburtenschmerz mit fortschreitender Geburt zunimmt. Ein entscheidender analgetischer Effekt nach Opiatinjektion war also nicht feststellbar.

### 4.2.5 Schmerzschwellen vor und nach der Entbindung

Bei 8 Frauen wurden während der Geburt die Schmerzschwellen bestimmt und am ersten postpartalen Tag zwischen 8 und 10 h eine erneute Messung vorgenommen. Wie Abb. 20 darstellt, waren die präpartalen, mittleren Schmerzschwellen mit $51,0 \pm 2,1\,°C$ deutlich erhöht. Dagegen betrug die postpartale Schwellentemperatur nur $45,2 \pm 1,3\,°C$. Somit ergab sich eine mittlere Differenz von $5,8\,°C$. Im Wilcoxon-Test für verbundene Stichproben ergab der Vergleich der Präpartalwerte mit den Postpartalwerten einen hochsignifikanten Abfall der Schmerzschwellen ($p = 0,78\%$).

Beim statistischen Vergleich mittels des U-Tests ergab sich zwischen den Postpartalwerten und der Kontrollgruppe dagegen kein signifikanter Unterschied ($p = 32,82\%$).

### 4.3 Schmerzschwellen bei Nichtschwangeren

### 4.3.1 Schmerzschwellen bei nichtschwangeren Frauen vor und nach Pethidingabe

Es stellte sich nun die Frage, welchen Effekt denn vergleichsweise systemisch zugeführte Opiate auf die Schmerzschwelle von nichtschwangeren Frauen haben. 7 Patientinnen mit einem mittleren Lebensalter von $34,1 \pm 8,7$ Jahren und

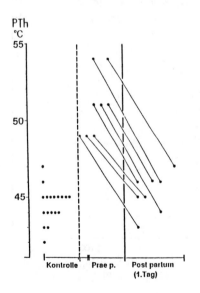

**Abb. 20.** In °C gemessene individuelle Schmerzschwellen (PTh) von 8 Frauen vor und 1 Tag nach der Geburt sowie von 18 nichtschwangeren Kontrollpersonen

einem mittleren Körpergewicht von 55,8 ± 7,6 kg erhielten zur Anästhesievorbereitung die zur Anästhesie üblicherweise verwendete Prämedikationsdosis von
50 mg Pethidin i. m. Körpergewichtsbezogen betrug die applizierte Dosis im Mittel 0,91 ± 0,14 mg/kg KG bei Einzeldosen zwischen 0,73 mg/kg und 1,2 mg/kg
KG. Die somit applizierte Opiatdosis war signifikant höher als die bei den Gebärenden applizierte Dosis (p = 2%).

In Abb. 21 sind die individuellen Schmerzschwellenverläufe der 7 Patientinnen nach Gabe von 50 mg Pethidin zum Zeitpunkt 0 dargestellt.

Der mittlere Ausgangswert der Schmerzschwelle der Frauen betrug
43,7 ± 0,6 °C. Bei allen Patientinnen kam es nach Pethidingabe zu einem deutlichen Schmerzschwellenanstieg über 3–4 h mit dem Bild eines phasenhaften Wirkungsprofils. Der mittlere Schmerzschwellenanstieg zum Zeitpunkt der maximalen Opiatwirkung betrug gegenüber dem Ausgangswert 3,1 ± 0,4 °C. Die Patientinnen Nr. 2, 3 und 7 hatten mit einer Opiatdosis von 0,73 mg/kg, 0,88 mg/kg
bzw. 0,86 mg/kg KG maximale Erhöhungen von 3,4°, 2,6°, bez. 2,7 °C. Somit

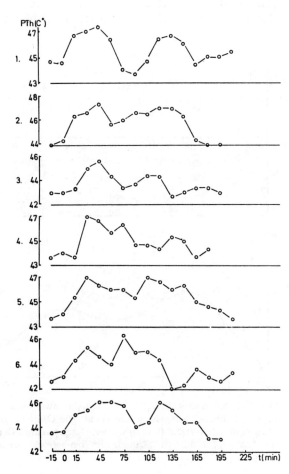

**Abb. 21.** In °C gemessene individuelle Schmerzschwellen (PTh)
von 7 nichtschwangeren Frauen
nach Injektion von 50 mg Pethidin
i. m. im Zeitverlauf (t/min). Opiatinjektion zum Zeitpunkt 0

war auch bei Dosen, die den bei Geburten mit Pethidin verwendeten Dosen entsprachen, eindeutige Schmerzschwellenanstiege feststellbar.

Da die Aufschlüsselung der Schmerzschwellenkurven in einem Streudiagramm wegen der individuellen Streubreite und verschiedenen Ausgangstemperaturen keine eindeutigen Verlaufscharakteristika erkennen ließen, führten wir, wie bei den Frauen während der Geburt, eine Streudiagrammglättung nach Cleveland (Glättungsfaktor = 0,3) durch (Abb. 22).

In dem so erstellten Diagramm ist eine deutliche Zeitverlaufscharakteristik mit folgenden, im gepaarten Wilcoxon-Test statistisch überprüften Eigenschaften erkennbar: ein signifikanter, maximaler Anstieg nach 60 min (Mediananstieg von 43,6 °C auf 46,3 °C; p = 1%), ein Wiederabfall nach 105 min (Median 44,6 °C), ein erneuter, gegenüber dem Ausgangswert signifikanter Anstieg mit einem zweiten Maximum nach 135 min (Median 46 °C; p = 1%) und einem anschließenden kontinuierlichen Abfall, wobei nach 195 min (Median 44 °C) der Ausgangswert noch nicht erreicht wurde. Der Vergleich von 195-Minutenwerten mit den 135-Minutenwerten ergab im gepaarten Wilcoxon-Test ebenfalls eine signifikante Erhöhung (p = 3%). Wie ebenfalls im Cleveland-Diagramm dargestellt, reichen die nach Pethidingabe gemessenen Maximalwerte nicht an die am Geburtstermin ermittelten Schmerzschwellenbereiche heran.

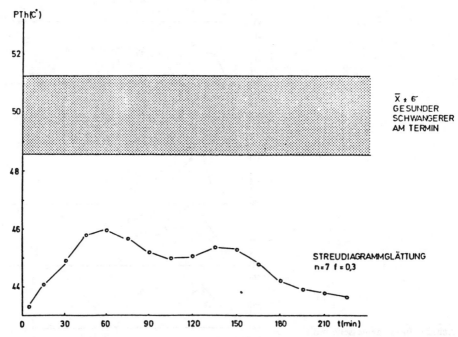

**Abb. 22.** Schmerzschwellen (PTh) von 7 nichtschwangeren Frauen nach Gabe von 50 mg Pethidin i.m. Kurvenglättung nach Cleveland. Die Ordinate gibt die Schmerzschwelle (PTh), die Abszisse den Zeitverlauf (t/min) wieder. Der gepunktete Bereich definiert den bei Schwangeren am Termin gefundenen Schmerzschwellenbereich (x = Mittelwert, ± SD = Standardabweichung)

Somit waren nach Gabe von exogen zugeführten Opiaten eindeutige Schmerz-schwellenanstiege feststellbar. Ein solcher Schmerzschwellenanstieg ist opiatspe-zifisch, wenn er sich durch Gabe eines reinen Opioidantagonisten wie z.B. Na-loxon, nicht aber durch die Gabe von Plazebo, z.B. physiologische Kochsalzlö-sung, aufheben läßt.

### 4.3.2  Opiatbedingte Schmerzschwellenerhöhung und Plazebo-kontrollierte Antagonisierung mit Naloxon

Die Gabe von 100 mg Pethidin als Prämedikation zur Laparoskopie führte bei einer 100 kg schweren und 48 Jahre alten Frau innerhalb von 30 min zu einem Anstieg der Schmerzschwelle von 45,0°C auf 48,5°C. In den nächsten 30 min wurde die Laparoskopie in Lokalanästhesie durchgeführt. In dieser Zeit wurde die Schmerzschwellenmessung unterbrochen. Bei Wiederaufnahme der Messun-gen betrug die Schmerzschwelle 47,8°C. Eine Plazebogabe erbrachte über einen Meßzeitraum von 20 min keine Schmerzschwellenerniedrigung. Dagegen kam es innerhalb von 5 min nach intravenöser Applikation von 1,2 mg Naloxon zu ei-nem Abfall der Schmerzschwelle von 48,2 auf 45,2°C. Danach konnte in den nächsten 30 min ein leichter Wiederanstieg der Schmerzschwelle beobachtet werden (Abb. 23).

### 4.3.3  Schmerzschwellen bei Nichtschwangeren vor und nach Gabe von Naloxon

Es stellte sich nun die Frage, welchen Einfluß der reine Opiatantagonist Nalo-xon auf die Schmerzschwelle nichtschwangerer, gesunder Frauen hat. Ferner wurde untersucht, ob bei einer Naloxoninjektion mit unangenehmen Nebenwir-kungen zu rechnen ist. Bei einer ersten Gruppe von 7 nichtschwangeren Frauen

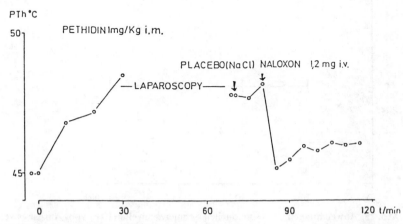

**Abb. 23.** In °C gemessene Schmerzschwellen (PTh) nach Injektion von 1 mg/kg Pethidin i.m. (t=0 min), 3 ml Plazebo (NaCl) i.v. und 3 ml (1,2 mg) Naloxon i.v.

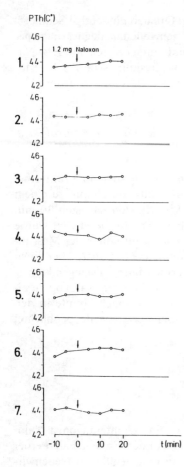

**Abb. 24.** In °C gemessene individuelle Schmerzschwellen (PTh) von 7 nichtschwangeren Frauen vor
und nach Injektion (s. Pfeil) von 1,2 mg Naloxon
(Narcanti)

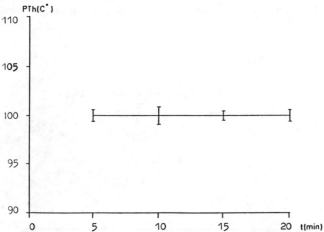

**Abb. 25.** Abweichungen der individuellen Schmerzschwelle (PTh) vom Ausgangswert nach Injektion von 1,2 mg Naloxon i.v. Die Ausgangsschmerzschwelle (PTh) wird mit 100% angegeben

konnten keinerlei Nebenwirkungen im Sinne sensorischer Mißempfindungen oder Reaktionen von Blutdruck, Puls und Atmung festgestellt werden. Bei weiteren 7 Frauen wurde daraufhin der Effekt von Naloxon auf die Schmerzschwelle untersucht.

In Abb. 24 sind die individuellen Schmerzschwellen von 7 nichtschwangeren Frauen mit einem mittleren Alter von $25{,}6 \pm 3{,}7$ Jahren und einem durchschnittlichen Körpergewicht von $58{,}6 \pm 3{,}7$ kg vor und nach Injektion von 1,2 mg Naloxon i. v. dargestellt.

Es ließen sich nur geringe Schwankungen gegenüber der mit $44{,}1 \pm 0{,}3\,°C$ normalen Ausgangsschmerzschwelle beobachten. Nach Naloxoninjektion betrugen die 5-, 10-, 15- und 20-Minuten-Schmerzschwellenwerte $44{,}1 \pm 1{,}7\,°C$, $44{,}1 \pm 0{,}3\,°C$, $44{,}3 \pm 0{,}2\,°C$ und $44{,}2 \pm 0{,}2\,°C$.

In Abb. 25 ist dieses Verhalten anhand der prozentualen Schmerzschwellenänderung nach Naloxoninjektion dargestellt, wobei der aus den Vorwerten gemittelte Ausgangswert mit 100% angegeben wurde.

## 4.4  Postpartale Schmerzschwellenerhöhung und Naloxonapplikation

Unter der Vorstellung, daß die während Schwangerschaft und Geburt beobachteten Schmerzschwellenerhöhungen, entsprechend den von Gintzler erhobenen tierexperimentellen Befunden, auf einer Wirkung körpereigener Opioidpeptide beruhen, untersuchten wir den Effekt von Naloxon auf die Schmerzschwelle von Frauen nach der Geburt. Die Frauen hatten während der Geburt keine Schmerz-

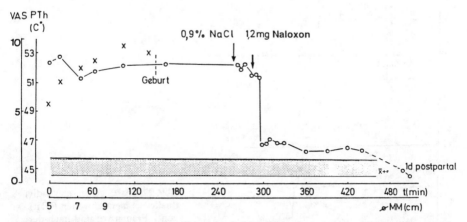

**Abb. 26.** Individueller Schmerzschwellenverlauf einer Patientin vor und nach der Geburt. Die Doppelabszisse gibt die in °C gemessene Schmerzschwelle (PTh) sowie die VAS-Werte an, die Doppelabszisse die Muttermundweite (MM/cm) und den zeitlichen Verlauf (t/min) der Schmerzschwellenmessungen. Die Schmerzschwellen sind durch Kreise, die VAS-Werte durch Kreuze gekennzeichnet. Die Pfeile zeigen den Zeitpunkt der intravenösen Placeboinjektion (0,9% NaCl) sowie den Zeitpunkt der Naloxoninjektion (Narcanti). Die Messungen wurden am 1. postpartalen Tag (d) fortgesetzt. Der punktierte Bereich entspricht dem bei Kontrollpersonen ermittelten mittleren Schmerzschwellenbereich

mittel erhalten. Die 7 untersuchten Frauen gehörten zu dem bei den Geburten ohne Analgetikaverabreichung beschriebenen Kollektiv.

Wie in Abb. 26 beispielhaft dargestellt, waren während der Geburt nur geringe Schwankungen der in °C gemessenen Schmerzschwelle feststellbar.

Wohl aber kam es zu einem mit der Muttermundweite korrelierenden Anstieg der subjektiven Schmerzempfindung (VAS). Nach der Geburt blieb die Schmerz-

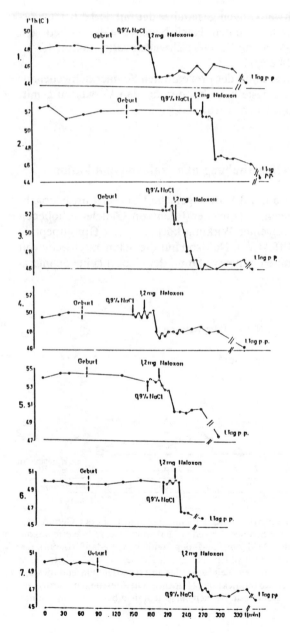

**Abb. 27.** In °C gemessene individuelle Schmerzschwellen (PTh) von 7 Frauen vor und nach der Geburt (t/min). Die Schmerzschwellen sind durch Kreise gekennzeichnet. Postpartal wurden jeweils Plazebo (0,9% NaCl) und danach 1,2 mg Naloxon i.v. (Pfeile) verabreicht. Die Messungen wurden am 1. postpartalen Tag abgeschlossen

schwelle über einen Zeitraum von ca. 2 h konstant erhöht. Die doppelblind durchgeführte, intravenöse Plazebogabe (NaCl) führte im Meßzeitraum von 20 min zu keiner Veränderung der Schmerzschwelle. Dagegen führte die Injektion von 1,2 mg Naloxon (Narcanti) i. v. innerhalb von 5 min zu einem starken Abfall der Schmerzschwelle von 51,1 °C auf 46,3 °C (Differenz: 4,8 °C). Nach Erreichen des Tiefpunktes konnte in den folgenden 2 h weder ein wesentlicher Wiederanstieg noch ein weiterer abrupter Abfall der Schmerzschwelle beobachtet werden. Am nächsten Morgen lag die Schmerzschwelle in dem bei der Kontrollgruppe ermittelten, normalen (punktierten) Schmerzschwellenbereich. Der hier beschriebene charakteristische Verlauf war auch bei der Darstellung der unter gleichartigen experimentellen Bedingungen gemessenen Schmerzschwellenverläufe von 6 weiteren Frauen zu beobachten. Lediglich das Ausmaß des durch Naloxon induzierten Schmerzschwellenabfalls war unterschiedlich und wohl abhängig von der Höhe des Ausgangswertes (Abb. 27).

Wie eine Gegenüberstellung der Naloxon-induzierten Schmerzschwellenabfälle mit den spontanen, postpartalen Schmerzschwellenverläufen von weiteren 8 Frauen erkennen ließ, vermochte Naloxon die Schmerzschwellenverläufe akut

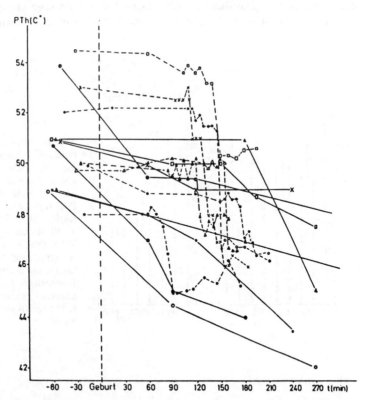

**Abb. 28.** Gegenüberstellung der in °C gemessenen postpartalen Schmerzschwellenverläufe (PTh) der Naloxon-Gruppe (gestrichelte Kurven) und der postpartalen, spontanen Schmerzschwellenverläufe (durchgezogen) von Frauen ohne Medikation. Die Abszisse gibt die Zeit nach der Geburt in Minuten an

zu beeinflussen, d. h. die Schmerzschwelle wurde im Gegensatz zu den Spontan-
verläufen abrupt gesenkt (Abb. 28). Die individuellen Kurvenverläufe unter Pla-
zeboeinwirkung und nach Naloxongabe wurden statistisch mittels des gepaarten
Wilcoxon-Testes und des gepaarten T-Testes analysiert.

In Abb. 29 sind die Mittelwerte und Standardabweichungen der nach Gruppenbildung errechneten Meßergebnisse dargestellt. Die zum Zeitpunkt der Pla-
zeboinjektion gemessene mittlere Schmerzschwelle ($50,6 \pm 2,1\,°C$) blieb im Meßzeitraum über 15 min mit 5-, 10- und 15-Minuten-Werten von $50,5\,°C$, $50,7\,°C$
und $50,1\,°C$ unauffällig. Entsprechend ergab der Vergleich der Gruppen untereinander keine statistische Signifikanz.

Der mittlere Schmerzschwellenwert zum Zeitpunkt der Naloxoninjektion betrug $50,4\,°C$. Nach Naloxoninjektion fand sich ein mittlerer Abfall der Schmerzschwelle von $50,4\,°C$ auf einen temporären Tiefstwert von $46,9\,°C$, d. h. die
Schmerzschwelle fiel also im Mittel um $3,5\,°C$ ab. Am nächsten Morgen war die
Schmerzschwelle weiter auf $45,8\,°C$ abgesunken und lag somit in dem bei der
Kontrollgruppe ermittelten Schmerzschwellenbereich. Der statistische Vergleich
der Schmerzschwellen zum Zeitpunkt der Naloxoninjektion mit dem danach gemessenen Minimalwert und dem Wert am ersten postpartalen Tag ergab im Wilcoxon-Test einen signifikanten Abfall ($p = 1,6\%$). Dies ergab sich auch beim Vergleich der gemittelten Plazebowerte ($\bar{x} = 50,6\,°C$) mit den Postinjektionswerten
($p = 1,6\%$).

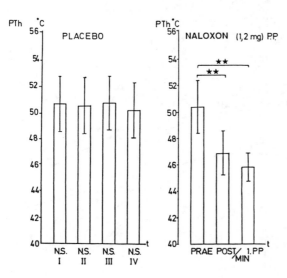

**Abb. 29.** Mittelwerte und Standardabweichungen der in °C gemessenen Schmerzschwellen (PTh)
von 7 Wöchnerinnen nach Plaze-
bo- und Naloxoninjektion. I =
PTh zum Zeitpunkt der Plazeboin-
jektion, II = 5-Minuten-Wert, III
= 10-Minuten, IV = 15-Minuten-
Wert. Prae = Vorwert, Post/min
= temporärer Tiefstwert nach Naloxongabe (Narcanti), 1.PP = 1.
Postpartaler Tag. N.S. = Nicht signifikant gegenüber Ausgangswert
I. ** Signifikanz im Gruppenvergleich

## 4.5 Schmerzschwellen und endokrine Faktoren

### 4.5.1 Schmerzschwellen und periphere Hormonspiegel bei nichtschwangeren und schwangeren Frauen

Die vorliegenden Untersuchungen wurden zur Klärung einer möglichen Beeinflussung der schwangerschaftsspezifischen, endorphinergen Schmerzmodulation durch adrenale oder plazentare Steroidhormone bzw. durch Hypophysenvorderlappenhormone durchgeführt.

Die mittlere Schmerzschwelle von 10 nichtschwangeren Frauen mit einem durchschnittlichen Lebensalter von $25,1\pm0,6$ Jahren und einem mittleren Körpergewicht von $57,3\pm4,2$ kg betrug $44,0\pm1,2\,°C$ und unterschied sich im statistischen Vergleich nicht von den Werten der anderen Kontrollgruppen. Die mittlere Schmerzschwelle von 20 Schwangeren zu verschiedenen Gestationszeiten (31.–42. Woche), einem durchschnittlichen Körpergewicht von $68,68\pm7,37$ kg betrug $50,5\pm2,5\,°C$. Im U-Test (Mann-Whitney) ergab sich wiederum ein höchstsignifikanter Unterschied zwischen den Schmerzschwellen Schwangerer und Nichtschwangerer ($p<0,01\%$) (Abb. 30). Korrelationsanalysen ergaben we-

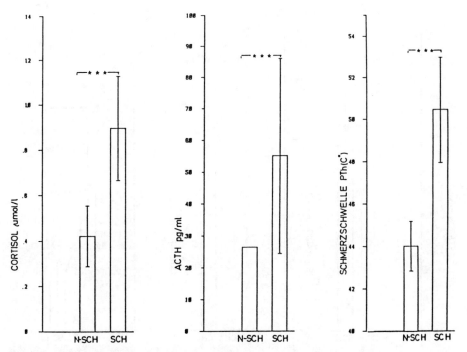

**Abb. 30.** Mittelwerte und Standardabweichungen der Schmerzschwellen (PTh-°C), der ACTH- und Kortisol-Plasmaspiegel bei 10 nichtschwangeren Frauen und 20 Schwangeren mit verschiedenen Gestationszeiten. Die Säulen geben die Werte von Nichtschwangeren (N-SCH) und Schwangeren (SCH) wieder. Das Signifikanzniveau ($p<0,01\%$, U-Test) im Gruppenvergleich ist durch Sterne *** gekennzeichnet

der bei Nichtschwangeren noch bei Schwangeren eine Abhängigkeit der Schmerzschwellenhöhe von Lebensalter oder Körpergewicht.

Bei den Nichtschwangeren lagen die ACTH-Spiegel der 10 Frauen jeweils unterhalb der Nachweisgrenze von 27 pg/ml (in dem Diagramm wurde zu statistischen Vergleichszwecken die untere Nachweisgrenze (26,5 pg/ml) als Referenzwert herangezogen). Die Kortisolwerte lagen mit einem Mittelwert von 0,4211 ± 0,132 mol/l innerhalb der normalen Nachweisgrenze. Die mittleren Konzentrationen von Progesteron (x = 7,1 mol/l) und 17-β-Oestradiol (x = 0,444 µmol/l) und Dehydroandrosteronsulfat (DHEAS) (−4,637 µmol/l) entsprachen ebenfalls den bei weiblichen Erwachsenen gefundenen Normalwerten. Erwartungsgemäß führte die Schwangerschaft zu ausgeprägtem, hochsignifikantem Anstieg von ACTH, Kortisol, Progesteron und 17-β-Oestradiol sowie einem ebensolchen Abfall von DHEAS.

Im U-Test (Mann-Whitney) ergab sich gegenüber der Kontrollgruppe jeweils ein Signifikanzniveau von p < 0,01%. Die Mittelwerte von Kortisol (x = 0,89385 µmol/l), Progesteron (x = 227,4 nmol/l) bzw. 17-β-Oestradiol (x = 41,9375 nmol/l) überstiegen die Mittelwerte der Kontrollgruppe um das 3,9fache, 32fache bzw. 94fache. DHEAS (x = 1,568 µmol/l) lag dagegen mit seinem Mittelwert um das 2,9fache unter dem Wert nichtschwangerer Frauen (Abb. 31).

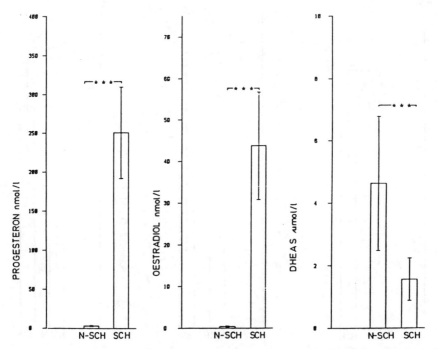

**Abb. 31.** Mittelwerte und Standardabweichungen von Progesteron, 17-β-Oestradiol- und Dehydroandrosteronsulfat- (DHEAS)-Plasmaspiegeln bei 9 nichtschwangeren Frauen und 20 Schwangeren mit verschiedenen Gestationszeiten. Die Säulen geben die Hormonkonzentrationen der Nichtschwangeren (N-SCH) und Schwangeren (SCH) wieder. Das Signifikanzniveau (p < 0,01%; U-Test) im Gruppenvergleich ist durch Sterne*** gekennzeichnet

Wie anhand von Korrelationsanalysen nachweisbar war, kam es bei den Schwangeren mit fortschreitender Gravidität zu einem deutlichen Anstieg von ACTH, Kortisol, Progesteron und 17-β-Oestradiol und einem deutlichen Abfall der DHEAS-Spiegel.

### 4.5.2 Schmerzschwelle und periphere Hormonspiegel

**Schmerzschwellen und ACTH:** Eine Korrelation der Schmerzschwellen Nichtschwangerer mit dem peripheren ACTH-Spiegeln war nicht möglich, da die ACTH-Werte bei allen 10 Frauen unter der Nachweisgrenze von 27 pg/ml lagen. Da auch bei den Schwangeren 6 Hormonwerte unter der unteren Nachweisgrenze lagen, wurden in einer ersten Korrelationsstudie die Meßwerte von 14 Schwangeren mit den zugehörigen Schmerzschwellen in Beziehung gesetzt (Abb. 32). Der Korrelationsfaktor ($r = -0,026$) ließ keine verwertbare Korrelation erkennen. Auch die zusätzliche Berücksichtigung der Werte von 6 Frauen (26,5 pg/ml wurde als untere Nachweisgrenze eingesetzt) ließ mit einem Korrelationsfaktor von $r = 0,080$ keinerlei Beziehung zwischen der Höhe der Hormonspiegel und der Höhe der Schwellenwerte erkennen.

Diese Untersuchungen konnten durch Befunde bei einer 39jährigen schwangeren Patientin mit Sheehan Syndrom untermauert werden. Bei der Patientin

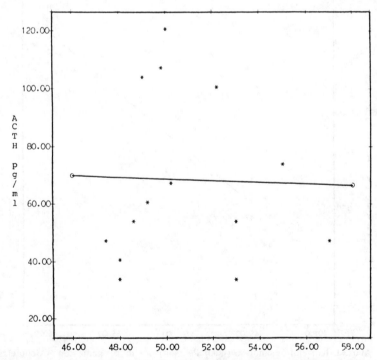

**Abb. 32.** Korrelationsanalyse (nach Pearson) der in °C gemessenen Schmerzschwellen (PTh) von 14 Schwangeren mit den peripheren ACTH-Spiegeln ($n = 14$, $r = -0,026$, $p = 0,9290$)

war es bei einer vorausgehenden Schwangerschaft durch ein Schockgeschehen zu einem permanenten, klinisch und labormäßig gesicherten Ausfall der Hypophysenvorderlappenfunktion mit konsekutiver Nebennierenrinden-, Ovarial- und Schilddrüseninsuffizienz gekommen. Die Patientin war nach HMG-Stimulation und unter Substitition mit peripheren Hormonen wieder schwanger geworden. Am Tag vor der Schnittentbindung und unter täglicher Substitution mit 25 mg Hydrocortison und 120 µg Thyroxin betrug die Schmerzschwelle 54°C. ACTH war zu diesem Zeitpunkt im Plasma mittels Radioimmunoassay nicht nachweisbar. Die Kortisolspiegel waren mit 1,34 µmol/l deutlich erhöht. Am 2. postoperativen Tag war die Schmerzschwelle auf 47,9°C und am 4. postoperativen Tag auf 45,6°C abgefallen, obwohl zu diesem Zeitpunkt mit 70 mg/die Hydrocortison per infusionem substituiert wurde.

**Schmerzschwellen und Kortisol:** Das Nebennierenrindenhormon Kortisol wurde im Hinblick auf „Streß-induzierte" – Analgesieformen mit den zugehörigen Schmerzschwellen korreliert. Wie in Abb. 33 dargestellt, ergab sich im Gesamtkollektiv (Nichtschwangere und Schwangere) zwischen den Hormonspiegeln und den Schmerzschwellen eine sehr enge Korrelation (r = + 0,756), die auch bei Unterteilung in schwangere und nichtschwangere Kontrollgruppen und entsprechender erneuter Analyse, allerdings schwächer ausgebildet, bestehen blieb

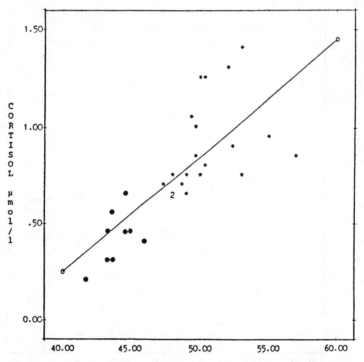

**Abb. 33.** Korrelationsanalyse (nach Pearson) der in °C gemessenen Schmerzschwellen (PTh) von 9 nichtschwangeren (Punkte) und 20 schwangeren Frauen (Sterne) mit den zugehörigen peripheren Kortisolspiegeln (µmol/l) (n = 29, r = 0,756, p < 0,0001)

(r = 0,37 bzw. 0,525). Die Korrelation zwischen ACTH und Kortisol war dagegen mit einem Faktor von (r = 0,165) nur schwach ausgeprägt.

**Schmerzschwellen und DHEAS:** Das aus der Nebennierenrinde stammende schwache Androgen zeigte im Gegensatz zu Kortisol ein ausgeprägtes negatives Korrelationsverhalten zur Schmerzschwelle (r = − 0,662), d. h. höhere Hormonspiegel gingen mit niedrigeren Schmerzschwellen einher (Abb. 34).

Bei der Analyse der Untergruppe war dieses Verhalten bei den Nichtschwangeren ebenfalls stark ausgeprägt (r = 0,595), fehlte dagegen bei den Schwangeren (r = 0,078). Die Gegenüberstellung der Kortisolwerte (Gesamtkollektiv mit den zur gleichen Zeit gewonnenen DHEAS-Werten) zeigte ein negatives Korrelationsverhalten (r = − 0,607) in dem Sinn, daß höhere Kortisolspiegel mit niedrigeren DHEAS-Spiegeln einhergingen.

**Schmerzschwellen und Geschlechtshormone:** Die bei Nichtschwangeren nachweisbaren niedrigen Hormonkonzentrationen zeigten für Oestradiol in bezug auf die Schmerzschwellen ein negatives Korrelationsverhalten (r = − 0,587) d. h. niedrigere Hormonwerte gingen mit höheren Schmerzschwellenwerten einher. Dieses Verhalten war aber für Progesteron und Schmerzschwellen (r = 0,032) bei Nichtschwangeren nicht nachweisbar.

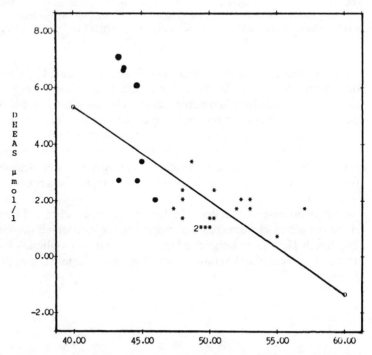

**Abb. 34.** Korrelationsanalyse (nach Pearson) der in °C gemessenen Schmerzschwellen (PTh) von 9 nichtschwangeren und 20 schwangeren Frauen und der peripheren DHEAS-Spiegel (µmol/l) (n = 29, r = − 0,662, p = 0,0002)

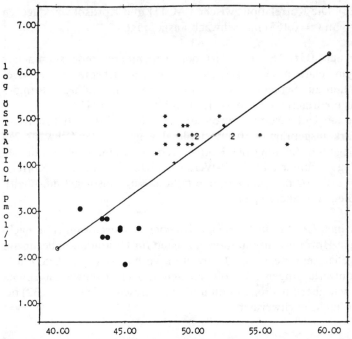

**Abb. 35.** Korrelationsanalyse (nach Pearson) der in °C gemessenen Schmerzschwellen (PTh) und der logarithmisch angegebenen Plasma-17-β-Oestradiol-Konzentrationen (pmol/l) von 9 Nichtschwangeren (Punkte) und 20 Schwangeren (Sterne) (n = 29, r = 0,787, p < 0,0001)

Die weiblichen Geschlechtshormone Progesteron und 17-β-Oestradiol, die mit fortschreitender Gestation in der Plazenta synthetisiert werden, wiesen, auch aufgrund der graviditätsbedingten starken Hormonanstiege, bei Nichtschwangeren und Schwangeren zusammen eine sehr enge Korrelation (r = 0,796 bzw. r = 0,787) mit den zugehörigen Schmerzschwellen auf (Abb. 35 und 36).

Konzentrationsunterschiede bei Schwangeren auf hohem Niveau ließen dagegen keinen Zusammenhang zwischen dem Ausmaß der Schmerzschwellenanstiege und den stark erhöhten Hormonspiegeln erkennen (r = 0,108 bzw. r = 0,1112).

Zusammenfassend ergaben die Untersuchungen zum Schmerzschwellenverhalten bei Nichtschwangeren und Schwangeren und deren möglichen Beeinflussung durch Hormone lediglich Hinweise auf einen möglichen kausalen Zusammenhang zwischen den Schmerzschwellen und adrenalen bzw. plazentaren Hormonen.

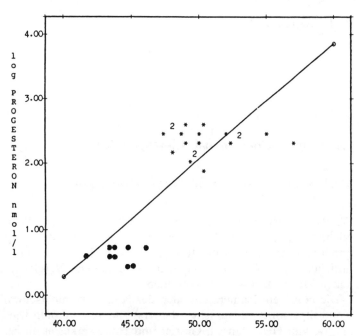

**Abb. 36.** Korrelationsanalyse (nach Pearson) der in °C gemessenen Schmerzschwellen (PTh) und der logarithmisch angegebenen Plasma-Progesteronkonzentrationen (nmol/l) von 9 Nicht-schwangeren (Punkte) und 20 Schwangeren (Sterne) (n = 29, r = 0,796, p < 0,0001)

# 5 Diskussion

## 5.1 Schmerzschwellen und Schwangerschaft

### 5.1.1 Schmerzschwellen bei Nichtschwangeren

Die Untersuchungen zum Verhalten der individuellen Schmerzschwellen bei Nichtschwangeren und Schwangeren wurden unter dem Aspekt durchgeführt, durch Standardisierung meßtechnischen Vorgehens und durch Berücksichtigung örtlicher, zeitlicher und individueller Kriterien eine Vergleichbarkeit der gewonnenen Meßergebnisse sicherzustellen.

Die mittleren Schmerzschwellen der Kollektive nichtschwangerer, weiblicher Kontrollpersonen entsprachen den von anderen Autoren wie Hardy, Greene u. Hardy, Van Hess, Jansen, Gessler und Handwerker et al. bei Hitzestimulation gemessenen, normalen Schmerzschwellen [42, 50, 55, 56, 66, 139]. Auch die in 3 weiteren Kontrollgruppen (4.3/4.5) von uns selbst ermittelten, mittleren Schwellenwerte entsprachen den zuvor ermittelten Meßergebnissen.

Wie schon von Hardy (1952) beobachtet, ist die Wahrnehmungsschmerzschwelle innerhalb eines engen Meßbereiches eine gut reproduzierbare Größe [56]. Die mittlere Schmerzschwelle wurde von Hardy mit ca. 45°C angegeben, wobei die interindividuellen Werte, wie auch in den vorliegenden Untersuchungen, nach Schmidt zwischen 43 und 47°C liegen [118]. Nach neueren Untersuchungen von Severin et al. führt auch die thermische Stimulation mit der sog. Kontaktthermode nach Marstock zu einer individuell reproduzierbaren Darstellung der Wahrnehmungsschmerzschwelle [121]. Diese wurde mit einem Durchschnittswert von 46,45°C angegeben, liegt also über den von Hardy und auch von uns gefundenen Meßwerten. Die Autoren fanden ferner ebenfalls eine starke individuelle Variabilität der Schwellenwerte. Die numerisch unterschiedlichen Ergebnisse der Arbeitsgruppen lassen sich wohl in erster Linie durch die doch unterschiedlichen Meßbedingungen erklären, da es bei der Verwendung der Thermode auch zu einer Stimulierung von Mechanorezeptoren kommt und auch die Größe der Auflagefläche eine Rolle spielen dürfte.

Die gegenüber unserem Untersuchungskollektiv von Hardy gemessenen leicht höheren „normalen" Schmerzschwellen sind einerseits darauf zurückzuführen, daß wir mit der von uns benutzten Methode der standardisierten, mittels eines Meßelementes auf der Haut kontrollierten Hitzestimulation exakter messen können als dies mit dem von Hardy verwendeten Dolorimeter möglich war. Andererseits hatte Hardy in seinen Untersuchungen noch nicht zwischen weiblichen und männlichen Versuchspersonen unterschieden. Auch hat er noch nicht den Einfluß circadianer Rhythmen berücksichtigt. Erst Procacci et al. fanden, daß die Höhe der Schmerzschwelle vom Geschlecht der Versuchsperson abhängt und daß sie auch dem Einfluß circadianer Rhythmen unterliegt [98, 99].

Gessler und Jansen bestätigten dies bei Messungen mit der auch von uns verwendeten Meßapparatur [42, 66]. Sie fanden jeweils bei Frauen eine gegenüber einem männlichen Untersuchungskollektiv um 0,8 bis 1 °C erniedrigte Schmerzschwelle.

Schon die frühen Untersuchungen von Hardy (1952) und von Greene (1962) haben belegt, daß die Konstanz und Reproduzierbarkeit der „normalen", individuellen Schmerzschwelle Ausdruck eines in einer relativ engen Bandbreite aktivierbaren, „physiologischen", schmerzleitenden und verarbeitenden Systems ist [50, 56]. Bei seinen Untersuchungen zur Beziehung zwischen notwendiger Stärke und Dauer eines Hitzereizes zur Auslösung einer ersten Schmerzempfindung (Schmerzschwellenbestimmung) fand Hardy am Menschen eine typische Zeit-Reizstärke-Kurve in Form einer Hyperbel. Eine sehr ähnliche Kurve ergab sich bei Hitzestimulation der Haut am Meerschweinchen und der Ratte. Die Reizschwellenwerte ergaben sowohl beim Menschen als auch beim Tier vergleichbare Werte [56].

Aus Hardys Untersuchungen ergab sich ferner, daß die Auslösung sog. nozizeptiver bzw. polysynaptischer Flexorreflexe durch Hitzestrahlung am Menschen bei einer Reizstärke erfolgte, bei der auch die Wahrnehmungsschmerzschwelle überschritten wurde. Dies wurde durch neuere Untersuchungen von Willer am Menschen bestätigt [147]. Er fand, daß bei elektrischer Stimulation sowohl die Auslösung erster subjektiver Schmerzsensationen als auch das Auftreten von Flexorreflexen (Reaktionsschmerzschwelle) bei einer vergleichbaren Stimulusgröße erfolgte. Eine Vergleichbarkeit von Wahrnehmungsschmerzschwelle sowie der Reaktionsschmerzschwelle als Ausdruck einer segmentalen bzw. aszendierenden Transmission schmerzhaften Einstroms ist somit gegeben.

Ferner ergibt sich aus der Arbeit von Willer, aber auch aus den Untersuchungen von Parth et al., daß sich absolute Schmerzschwellen und deren Veränderungen nicht nur durch Hitzestimulation, sondern auch durch elektrische noxische Reizung beim Menschen reproduzierbar darstellen lassen [92, 147].

Die Einwirkung von Hitzestrahlung auf Nozizeptoren von Mensch und Tier war in den letzten Jahren Gegenstand intensiver neurophysiologischer Forschungen. Durch Hitzeeinwirkung auf die Haut, aber auch auf andere Gewebe werden in erster Linie polymodale C-Faser-Rezeptoren erregt [52, 53, 55, 137, 139, 156, 157]. Eine Aktivierung von A-$\delta$ Nozizeptoren oder deren Fasern durch Hitzestrahlung erfolgt dagegen nur in geringem Maße, da sie einerseits quantitativ geringer vertreten sind und nach La Motte et al. andererseits ihre Entladungsschwelle auf Hitzereiz allgemein höher liegt als die der C-Faser-Nozizeptoren [71]. C-Faser-Nozizeptoren beginnen bei Hauttemperaturen zwischen 40 und 45 °C mit ihrer Entladungstätigkeit [7, 52, 53, 55, 156, 157]. Mit ansteigender Hauttemperatur nimmt die Entladungstätigkeit zu, wobei nach Beck et al. die Zunahme bei Einzelfaserableitungen am Tier in Abhängigkeit von der Stimulusgröße linear ist [7] bzw. beim Menschen nach Tjöreborg et al. „positiv" akzelerierend korreliert [137]. Eine Einzelfasererregung allein muß nach Hallin beim Menschen aber noch keine subjektive Schmerzempfindung auslösen [53, 136]. Normalerweise müssen mehrere Fasern erregt werden, um durch räumliche und zeitliche Summation zu einer Erregung nachgeschalteter aszendierender Neurone zu führen [55, 137]. Entsprechend konnte Gybels mit mikroneurographischen Untersuchungstechniken am Menschen nachweisen, daß die subjektive Schmerzschwelle zwar eng mit der Intensität des einwirkenden Hitzestimulus korreliert, nicht aber mit der Impulsrate bei der Einzelfaserableitung [52]. Erst die Einbeziehung der Entladungstätigkeit mehrerer Fasern führt nach Tjöreborg zu einer verwertbaren Beziehung zwischen der Intensität eines Hitzestimulus und der durchschnittlichen Entladungsrate der C-Fasern. Bei seinen Untersuchungen ergab sich die oben erwähnte positive „akzelerierende" Korrelation zwischen der Stimulusgröße und der subjektiven Schmerzangabe [137].

Strahlungshitze als selektiver C-Faser-Reiz ist geeignet, auch die Entladungstätigkeit von Hinterhornneuronen in gesetzmäßiger Weise zu stimulieren. Wie Zimmermann am Tier zeigen konnte, steigt die maximale Entladungsfrequenz linear in Abhängigkeit von der Intensität eines schmerzhaften Hitzereizes bzw. der Hauttemperatur an [156, 157]. Brinkhus u. Zimmermann konnten bei Ableitungen an thalamischen Neuronen wacher Katzen nachweisen, daß noxische Hitzeeinwirkung auf kutane Rezeptoren auch zu einer erhöhten Entladungstätigkeit im Thalamus führt. Diese wurde offensichtlich wahrgenommen und als unangenehm empfunden, da die zuvor konditionierten Tiere bei Erreichen der kritischen Hauttemperatur durch Betätigung eines Schalters die Hitzeeinwirkung beendeten [14].

Bei der Schmerzschwellenbestimmung mittels Hitzestimulation ist die Berücksichtigung möglicherweise auftretender Ermüdungs-, Deaktivierungs- oder Sensibilisierungserscheinungen der Rezeptoren durch die einwirkende Hitze zu berücksichtigen. Eine kurzfristige Ermüdung (fatigue) kann bei wiederholter, stark überschwelliger Hitzeeinwirkung auf die Haut erfolgen. Die Haut wird dann unempfindlich und die Schmerzschwelle steigt in dem betroffenen Areal an [50, 148, 156, 157]. Solche Ermüdungserscheinungen des Rezeptorareals haben wir bisher bei unseren Untersuchungen nicht beobachten können. Auch eine Deaktivierung von Rezeptoren durch exzessive Hitzeeinwirkung trat nicht auf, da wir jeweils nur mit schwellennahen, kurzzeitig einwirkenden Reizgrößen arbeiteten. Entsprechend war eine Erythem- bzw. Blasenbildung im Bereich der Meßstelle als Zeichen einer Hautschädigung nur in Ausnahmefällen zu beobachten und wurden dann entsprechend berücksichtigt.

Wichtig für unsere Untersuchungen scheint die von Greene u. Hardy, Bessou u. Perl, Beck et al., Perl, Croze et al., Tjöreborg und Willis et al. diskutierte Rezeptorensensibilisierung zu sein [7, 9, 21, 50, 94, 137, 147]. Bei lange einwirkenden, überschwelligen Hitzereizen ist eine solche Sensibilisierung anhand von Schmerzschwellenerniedrigungen eindeutig zu beobachten [50]. Wie Croze et al. beschrieben, ändert sich die Rezeptorschwelle aber auch bei Einwirkung repetitiver, schwellennaher, kurzer Reize [21]. Dies haben wir in den vorliegenden Untersuchungen mitberücksichtigt. Schwellenwerte wurden erst berücksichtigt, wenn sie konstant reproduzierbar waren.

Greenes Untersuchungen ergaben ferner, daß geringgradige Schmerzschwellenerhöhungen vor allem in den ersten 10 min nach Versuchsbeginn auftraten [50]. In dieser Zeit muß von der Versuchsperson normalerweise erst der Versuchsablauf erlernt werden. Bei unseren Messungen hat sich bestätigt, daß erst nach Ablauf dieser Zeitspanne verwertbare Meßergebnisse vorliegen bzw. Wertungsunsicherheiten von seiten der Probanden überwunden wurden. Wie die Zeitverlaufskurve der Schmerzschwellen in unseren Untersuchungen bei nichtschwangeren Kontrollpersonen zeigen und wie dies auch in den späteren Zeitverlaufsstudien erkennbar ist, sind unter der Berücksichtigung dieser meßtechnischen Voraussetzungen weitgehend konstante Mittelwerte der Schmerzschwellen zu beobachten. Eine versuchsbedingte Rezeptorsensibilisierung größeren Ausmaßes spielt somit in unseren Untersuchungen keine Rolle. Für die intraindividuellen Schwankungen sind einerseits Vigilanzschwankungen der Versuchspersonen sowie äußere Einflußfaktoren, wie z.B. Luftbewegungen im Untersuchungsareal, die Hautdurchblutung etc., verantwortlich. Andererseits muß man davon ausgehen, daß die Schmerzschwelle keine absolut konstante Größe ist, sondern unter dem Einfluß zentralnervöser Kontrollmechanismen chronologischen Einflüssen unterliegt, die die jeweiligen Schwellenwerte um einen Mittelwert schwanken lassen [155]. Die absoluten Abweichungen sind dabei aber offensichtlich als eher gering einzustufen und liegen keinesfalls in einer Größenordnung, die die Unterscheidbarkeit der von uns später beschriebenen, unterschiedlichen Untersuchungskollektive aufheben würde.

Aus den bisherigen Ausführungen geht somit hervor, daß unter „normalen" Bedingungen am Menschen die Wahrnehmungsschmerzschwelle interindividuell stark variabel ist, individuell aber nur eine geringe Variabilität aufweist. Dies ist wohl Ausdruck der individuellen „biologischen" Konstanz der zugrundeliegenden sensiblen Systeme, die ihrerseits nur in einem physiologisch vorgegebenen, eher engen Rahmen aktivierbar sind.

### 5.1.2 Schmerzschwellen bei Schwangeren

Die Messungen an Schwangeren ergaben eine mit fortschreitender Schwangerschaft zu beobachtende Erhöhung der individuellen Schmerzschwellen im Dermatom $S_1$ mit hohen individuellen Werten zum Zeitpunkt des Termins. Im Gruppenvergleich waren die mittleren Schmerzschwellen in der Nähe des errechneten Termins mit 49,9 °C gegenüber den Mittelwerten des Kontrollkollektivs mit 44,5 °C um 4,4 °C hochsignifikant erhöht. Da es sich bei den Untersuchungen an Schwangeren um eine Querschnittsstudie handelte, wird die offensichtlich biologische Gesetzmäßigkeit eines Schmerzschwellenanstieges unabhängig von individuellen Komponenten betont. Dagegen kann daraus keine Aussage abgeleitet werden, wann und wie rasch die Schmerzschwelle individuell während der Schwangerschaft ansteigt. Die Beantwortung dieser Frage muß einer weiteren Längsschnittstudie vorbehalten bleiben. Bisher wissen wir lediglich aus Einzelbeobachtungen, daß die Schmerzschwelle über mehrere Wochen vor dem erwarteten Termin konstant erhöht ist.

Wie unsere Untersuchungen ferner zeigten, war die Schmerzschwellenerhöhung während Schwangerschaft und Geburt nicht nur auf untere Körperabschnitte beschränkt, sondern in allen untersuchten Dermatomen anzutreffen. In Dermatomen mit vergleichbarer Rezeptordichte (z.B. an der Hand und am Fuß) waren vergleichbare Schmerzschwellenerhöhungen zu beobachten.

In unseren Untersuchungen fiel ferner auf, daß erhöhte Schmerzschwellen ab ca. der 20. Schwangerschaftswoche auftraten. Zu diesem Zeitpunkt der Schwangerschaft muß mit quantitativ bedeutsamen endokrinen Veränderungen gerechnet werden, und deshalb war auch von geburtshilflicher Seite ein Schmerzschwellenanstieg für diesen Zeitraum vorausgesagt worden.

Es stellte sich uns nun in bezug auf unsere Untersuchungsergebnisse die Frage, ob das Phänomen eines Schmerzschwellenanstiegs bzw. eine Veränderung der Schmerzempfindung während Schwangerschaft und Geburt an Mensch und Tier durch ähnliche Beobachtungen in der Literatur belegbar ist.

Hier sind an erster Stelle die von Gintzler et al. veröffentlichten Arbeiten zu zitieren [6, 43, 44]. Gintzler fand entsprechend unseren Untersuchungen, in einer allerdings longitudinalen Verlaufsstudie, bei trächtigen Ratten eine mit der Gestationszeit fortschreitende Erhöhung der Reaktionsschmerzschwelle, einen raschen postpartalen Abfall sowie einen weiteren Abfall mit einer vorübergehenden hyperalgetischen Phase über einen Zeitraum von mehreren Tagen [43]. Die Konstanz der im Zeitverlauf über viele Tage parallel gemessenen Reaktionsschmerzschwelle bei nichtschwangeren Kontrollierten belegte, daß die von Gintzler gewählte Methode eine Reproduzierbarkeit der Meßergebnisse gewährleistete. Die Befunde einer Schmerzschwellenerhöhung bei trächtigen Tieren sind inzwischen durch 2 weitere Arbeiten aus Gintzlers Arbeitsgruppe bestätigt worden [6, 44].

Die von Gintzler am Tier und von uns in den vorliegenden Untersuchungen am Menschen gefundenen Anstiege der Schmerzschwelle mit fortschreitender Gestationsdauer steht im Widerspruch zu Untersuchungen von Goolkasian [48]. Die Autorin versuchte mittels der Methode der sog. „signal detection theory" (SDT) in einer Längsschnittstudie bei nichtschwangeren und schwangeren Frauen die Diskrimination zweier unterschiedlich starker thermischer Reize zu bestimmen. Dabei unterschieden sich die beiden Gruppen nicht hinsichtlich ihres Diskriminationsmaßes. Die zwei von ihr gewählten thermischen Reizmodalitäten warm bzw. schmerzhaft wurden mittels eines Hardydolorimeters appliziert. Aus der Publikation geht leider nicht hervor, welche exakten Hauttemperaturen dabei erreicht bzw. verwendet wurden. Es ist denkbar und wäre typisch für die SDT, daß der schmerzhafte Reiz mit einer so starken Reizintensität erfolgt, daß er von allen Probanden immer als schmerzhaft empfunden wird, wogegen der zweite Stimulus in den Untersuchungen bei einer relativ niedrigen Hauttemperatur erfolgte, die von allen Probandinnen jeweils als „warm" empfunden wurde. Auch scheint die durch die SDT-Methode erforderliche Häufigkeit rasch zu wiederholender, kurzer Reize (etwa 180 Reize in 30 min) mit der Hitzestrahlstimulation nach Hardy, aber auch mit unserer eigenen Methode, nur eine eingeschränkte Aussagekraft zu haben [54]. Mit anderen Worten haben wir methodische Einwände, die nicht so sehr die SDT, sondern in erster Linie die zugrundeliegenden exakten Versuchsbedingungen in Goolkasians Studie betreffen.

Neben der Publikation Gintzlers gibt es nur wenige Veröffentlichungen, die sich mehr durch ihren Hinweischarakter zu der angesprochenen verminderten Schmerzempfindung während der Schwangerschaft auszeichnen. So fand Riss, daß die Cornea schwangerer Frauen gegenüber einem mit dem sog. Draeger-Esthesiometer gemessenen standardisierten schmerzhaften Berührungsreiz wesentlich unempfindlicher war als die Hornhaut Nichtschwangerer [100]. Bei einigen Schwangeren war die Berührungsempfindlichkeit sehr stark herabgesetzt. Die Abnahme der Hornhautempfindlichkeit war nicht an die Dauer der Gestation, die Gewichtszunahme oder den arteriellen Blutdruck, etwa im Sinne einer Ödemeinlagerung bei EPH-Gestose, gebunden. Millodot beschrieb mit einer ähnlichen Methode ebenfalls eine signifikante Abnahme der Corneaempfindlichkeit nach der 31. Schwangerschaftswoche, stellte dabei jedoch eine Abhängigkeit von der Dauer der Gestation fest. Eine vermehrte schwangerschaftsbedingte Flüssigkeitseinlagerung im Sinne eines Ödems war zwar in Einzelfällen an der Cornea zu beobachten und setzte die Empfindlichkeit etwas herab. Als alleinige Erklärung für reduzierte Schmerzempfindlichkeit reichte dies jedoch nicht aus [88]. Geht man davon aus, daß die von den Autoren gefundene herabgesetzte Schmerzempfindung nicht auf einer Verstellung peripherer Rezeptorfunktionen beruht, so ist davon auszugehen, daß auch das für die Corneasensibilität zuständige Trigeminuskerngebiet und nachgeschaltete aszendierende Systeme hierbei möglicherweise durch endogen wirksame Schmerzmodulatoren miterfaßt werden.

Eine weitere, schon lange bekannte Beobachtung anläßlich von Anästhesien in der Geburtshilfe gibt einen weiteren Hinweis, daß Schwangere ein verändertes Schmerzempfinden haben. Bei Schwangeren und Kreißenden kann nämlich eine Anästhesie schneller induziert werden. Die benötigten Erhaltungskonzentrationen von Inhalationsanästhetika (MAC-Wert) sind gegenüber Nichtschwangeren wesentlich vermindert. Diese Beobachtung ist von Palahniuk et al. 1974 in einer tierexperimentellen Arbeit an trächtigen Schafen bestätigt worden [91]. Sie fanden, daß gegenüber einem Normalkollektiv die sog. MAC-Werte (Minimale Alveoläre Concentration) als Maßstab des Anästhetikabedarfs für Halothan um 25%, für Isofluran um 40% und für Methoxyfluran um 32% erniedrigt waren. Als Grund dafür diskutierten die Autoren schwangerschaftsbedingte Veränderungen des Hormonhaushalts, besonders aber des Progesterons, welches im Tierversuch eine Sedierung und in hohen Dosen einen Bewußtseinsverlust bewirken soll [120].

Eine weitere Beobachtung belegt, daß schwangere Frauen auf die zur Anästhesie notwendige Gabe des depolarisierenden Muskelrelaxans Succinylcholin mit geringeren Muskelschmerzen reagieren als Nichtschwangere. In einer Studie von Thind u. Bryson hatten lediglich 7,5% der Schwangeren postoperativ Muskelschmerzen, wogegen dies bei 30% der nichtschwangeren operierten Frauen der Fall war [134]. Obwohl die Autoren als Erklärung wiederum einen eher peripheren Angriffspunkt von Progesteron bzw. Östrogen an der Muskulatur diskutierten, könnte auch hier eine „zentral" verminderte Schmerzempfindlichkeit Schwangerer eine Rolle spielen.

Es stellte sich uns nun die Frage, ob der bei schwangeren Frauen festzustellende Schmerzschwellenanstieg Ausdruck einer allgemeinen Schmerzunempfindlichkeit ist oder ob es sich dabei lediglich um eine herabgesetzte Empfindlichkeit der Haut handelt.

Unsere Untersuchungen zum Verhalten der Schmerzschwelle in bezug auf das Körpergewicht als Korrelat einer Veränderung kutaner Gewebseigenschaften ergaben weder im Intergruppenvergleich von Frauen am Termin noch in der Korrelationsanalyse zum Verhalten der Schmerzschwelle bei Schwangeren bzw. Nichtschwangeren einen Zusammenhang zwischen den untersuchten Merkmalen. Auch bei den weiteren im Hinblick auf die Schmerzschwelle untersuchten mütterlichen und kindlichen Parametern ergab sich lediglich ein statistischer Hinweis, daß jüngere Frauen am Termin etwas niedrigere Schmerzschwellen haben als ältere.

Wie in unseren Untersuchungen und auch in Gintzlers Arbeiten [6, 43, 44] nachweisbar war, kommt es nach der Geburt bei Mensch und Tier innerhalb weniger Stunden zu einem spontanen Abfall der Schmerzschwelle in den bei nichtschwangeren Frauen bzw. nichtträchtigen Tieren ermittelten Normalbereich. Da unsere Messungen wie auch Gintzlers Untersuchungen zum intra- und postpartalen Verlauf der Schmerzschwelle als gepaarte Untersuchungen im jeweils gleichen Rezeptorareal vorgenommen wurden, scheint eine kurzfristige Veränderung kutaner Gewebseigenschaften etwa im Sinne einer kurzfristig eintretenden massiven, postpartalen Ödemrückbildung nur eine unzureichende Erklärung für eine Rezeptorverstellung bzw. den postpartalen Schmerzschwellenabfall abzugeben.

Schließlich ergibt sich aus Gintzlers Untersuchungen, daß die schwangerschaftbedingten Schmerzschwellenanstiege beim Tier verhindert werden konnten, wenn die trächtigen Tiere einer Langzeitwirkung des reinen Opiatantagonisten Naltrexon ausgesetzt waren. Da ja aber bei beiden Untersuchungskollektiven vergleichbare Schwangerschaftsverläufe beobachtet wurden, entfällt eine Einflußnahme unspezifischer, schwangerschaftsbedingter peripherer Gewebsveränderungen.

Da ferner eine spezifische Beeinflussung peripherer Nozizeptoren durch Opiate bzw. Opiatantagonisten im Sinne einer Interaktion mit dort lokalisierbaren, spezifischen Opiatrezeptoren bisher in der Literatur nicht beschrieben ist, entfällt auch das Argument einer spezifisch-peripheren Nozizeptorverstellung [28, 77, 155].

Die hier vorgetragenen Überlegungen haben uns seinerzeit dazu veranlaßt, die bisher diskutierten Untersuchungen im Hinblick auf zentrale „opioiderge" Mechanismen der Schmerzkontrolle weiterzuführen.

### 5.1.3 Schmerzschwellen bei Gebärenden ohne und mit Opiatanalgesie

Bei der Wehentätigkeit handelt es sich bekanntlich um ein periodisch, in zunehmend kürzeren Abständen auftretendes, schmerzhaftes Geschehen. Aus Tierexperimenten weiß man, daß eine experimentell induzierte, in bestimmten zeitlichen Abständen erfolgende schmerzhafte Stimulierung zu einer sogenannten Streß-Analgesie führen kann [75, 84, 87]. Insofern erwarteten wir einen weiteren Anstieg der mit 50,6°C deutlich erhöhten Schmerzschwelle von Frauen während normaler, vaginaler Geburten im Sinne einer zunehmenden Aktivierung endogener Mechanismen. Die von uns gefundene weitgehende Konstanz der individuellen Schmerzschwellen während der Geburt deuten aber darauf hin, daß die für eine solche Analgesie verantwortlichen endogenen Adaptationsmechanismen möglicherweise schon schwangerschaftbedingt aktiviert bzw. ausgeschöpft wurden.

Auch in unseren Untersuchungen zeigte sich das lang bekannte und in der Literatur diskutierte Phänomen, daß es mit fortschreitender Geburt und zunehmender Muttermundweite zu einem Anstieg der subjektiven Schmerzintensität kommt, wobei am Ende der Eröffnungsperiode und zum Zeitpunkt der Entbindung in der Regel starke bis sehr starke Schmerzen angegeben wurden. Insoweit belegen unsere Ergebnisse die von Wylie, Friedmann, Neumark und Melzack zuvor zitierten Untersuchungen [39, 82, 83, 89, 90, 149]. Trotz hoher Schmerzschwellen war eine Schmerzfreiheit in keinem der beobachteten Fälle gegeben.

Wie ist aber nun das Ausmaß der schwangerschaftsbedingten Schmerzschwellenerhöhung bzw. eine Verminderung des Schmerzempfindens mit dem Auftreten starker Schmerzen unter der Geburt vereinbar? Die Ergebnisse sind nur so interpretierbar, daß die Zunahme der Intensität von Geburtsschmerzen eine Funktion der Zunahme überschwelliger Reizintensitäten ist. Diese werden ihrerseits durch physikalische und chemische Faktoren determiniert. Zum Erreichen und Überschreiten der erhöhten Schmerzschwellen bei Gebärenden ist aber bei Schwangeren und Gebärenden eine höhere Reizintensität erforderlich als bei Nichtschwangeren.

Hardy (1952) hat am Menschen untersucht, wie stark die subjektive Schmerzintensität zunimmt, wenn die Hauttemperatur ausgehend von einer normalen Schmerzschwellentemperatur von 45 °C auf 50 °C angehoben wird. Auf der von Hardy verwendeten Schmerzintensitätsskala von 10 Punkten wurde dabei eine Schmerzintensität von 7 angegeben. Mit anderen Worten kommt es bei einer Anhebung der Schmerzschwelle um 5 °C zu einer erheblichen, quantifizierbaren Verminderung der „normalen" Schmerzempfindung [54, 56].

Wie Untersuchungen von Hardy, Willer u. Bussel und Parth et al. zeigten, kommt es nach Überschreiten der normalen, aber auch der erhöhten Schmerzschwelle mit zunehmender Reizintensität zu einer Zunahme der subjektiven Schmerzintensität [56, 92, 146]. Diese Beziehung ist weitgehend linear und flacht erst bei Erreichen der sog. Toleranzschmerzschwelle ab [54]. Bei einer medikamentös erhöhten Wahrnehmungsschmerzschwelle liegt die Toleranzschmerzschwelle im Vergleich zu normalen Verhältnissen entsprechend höher, d.h. die Reizintensität zum Erreichen der Toleranzschwelle ist höher als zum Erreichen einer „normalen" Toleranzschmerzschwelle [56, 92, 146].

Da die physikalisch-chemisch determinierten Schmerzreize während der Geburt individuell variabel sind und auch die Schmerzschwelle individuell unterschiedlich erhöht ist, resultiert die individuell subjektive Schmerzintensität somit aus einer Einflußnahme beider Faktoren. Die als stark einzustufenden Geburtsschmerzen beruhen also auf der Einwirkung der als stark zu bezeichnenden, sich weiterhin steigernden schmerzhaften Reize; deren Wirkung wird aber durch eine vorbestehende, endogene Schmerzschwellenerhöhung abgemildert.

Ein indirekter Hinweis, daß die Höhe der Schmerzschwelle einen Einfluß auf das Ausmaß der subjektiven Schmerzempfindung während der Geburt haben könnte, ergibt sich auch aus unserer Untersuchung zur Beziehung zwischen subjektiver Schmerzintensität und Schmerzschwelle. Dabei zeigt sich ein klarer

Trend, daß höhere Schmerzschwellen eher mit niedrigeren Schmerzintensitäts-angaben einhergehen.

Dafür sprechen ferner auch unsere Untersuchungen bei Gebärenden, die während der Geburt Pethidin benötigten. Diese Frauen hatten im Vergleich zu den Gebärenden, die ohne Analgetika auskamen, eine mit 49,7 °C gegenüber 50,6 °C erniedrigte Ausgangsschmerzschwelle bei gleichzeitig höheren Ausgangswerten (Median 7) in der visuellen Analogskala.

Unsere Untersuchungen zur Pethidingabe bei Gebärenden ergaben ferner, daß kein wesentlicher Effekt auf die Schmerzschwelle und nur ein kurzfristiger geringer Effekt auf die subjektive Schmerzempfindung festzustellen war. Aus eigenen Untersuchungen zur Opiatwirkung auf Rückenmarksebene, der sog. epiduralen Opiatanalgesie, bzw. zur Opiatwirkung nach intramuskulärer Gabe geht aber klar hervor, daß mittels Hitzestimulation die Schmerzschwelle des Menschen nach topischer oder systemischer Applikation ansteigt [103, 154]. Bei epiduraler Gabe ist die Schmerzschwellenerhöhung auf die Segmente beschränkt, in denen die topisch applizierten Opiate angreifen, bei systemischer Gabe ist dieser Effekt in allen untersuchten Dermatomen nachweisbar [102, 153].

Auch aus den Untersuchungen von Parth et al. mit noxischer elektrischer Stimulation geht hervor, daß die Opiatwirkung anhand eindeutiger, signifikanter Schmerzschwellenanstiege nachweisbar ist [92]. Auch geht aus dem Versuchsansatz zur Testung von Analgetika bei Tieren hervor, daß mit den üblicherweise verwandten Hitze-Testverfahren (Tail flick Test, Hot Plate Test), die auf dem Prinzip der Hitzealgesimetrie beruhen, eindeutige opiatbedingte Schmerzschwellenanstiege zu verzeichnen sind [54, 87].

Als Erklärung einer fehlenden Beeinflussung der endogen erhöhten Schmerzschwelle durch exogen zugeführte Opiat ist zu bedenken, daß die in unseren Untersuchungen körpergewichtsbezogene Dosis von Pethidin evtl. zu gering war, um einen Schwellenanstieg zu bewirken. Wie wir aber später fanden, kam es bei Verwendung vergleichbarer Dosen bei Nichtschwangeren aber sehr wohl zu einem Schmerzschwellenanstieg. Anhand von Einzelbeobachtungen mit Anwendung von 100 mg Pethidin während der Geburt beobachteten wir andererseits, daß auch bei dieser Dosis ein Schmerzschwellenanstieg nur eher gering ausgeprägt war [111]. Wir meinten daher, daß nicht so sehr eine zu schwache Dosierung oder eine schwangerschaftsbedingte Veränderung der Pharmakokinetik für die fehlende Wirksamkeit des Opiats ausschlaggebend sei, sondern daß dabei möglicherweise die Besetzung von Opiatrezeptoren durch endogene Liganden eine Rolle spielen könnte, daß also exogene Opiate auf eine bereits von endogenen Liganden besetzte Rezeptorpopulation treffen. Dieses Phänomen wird auch als Kreuztoleranz bezeichnet.

## 5.2 Schmerzschwellen bei Nichtschwangeren unter Einwirkung exogener Opiatagonisten bzw. Opiatantagonisten

Die zuvor gemachten Ausführungen wurden durch die Untersuchungen an Frauen bestätigt, die im Rahmen der Anästhesievorbereitung intramuskulär 50 mg Pethidin erhielten. Das anhand der individuellen Schmerzschwellenverläufe gewonnene Wirkungsprofil war in doppelter Weise bedeutsam. Zum einen zeigt sich deutlich, daß die Injektion von exogenen Opiaten zu deutlichen Schmerzschwellenanstiegen führte. Diese waren aber mit einem maximalen mittleren Anstieg von 3,1 °C weniger stark ausgeprägt als erwartet. Es zeigte sich, daß mit der in der klinischen Praxis üblichen Dosierung des Opiats die Schmerzschwellenerhöhungen, wie wir sie während der Geburt und am Ende der Schwangerschaft beobachten konnten, nicht erreicht wurden. Zum anderen fiel die Phasenhaftigkeit des Wirkungsprofils der Schmerzschwellenverläufe auf.

Opiate üben ihre analgetischen Wirkungen durch Interaktionen mit spezifischen Opiatrezeptoren an spinalen und supraspinalen Strukturen des schmerzleitenden und verarbeitenden Systems aus [60, 77, 85, 87, 150, 156]. Der spinale Angriffspunkt von Opioiden an Opiatrezeptoren im Hinterhorn des Rückenmarks ist in ausführlichen elektrophysiologischen und -pharmakologischen Studien untersucht worden und stellt die Grundlage für die epidurale und intrathekale Opiatanalgesie dar [103, 150, 152–155]. Wie Untersuchungen am Tier mittels Hitzestimulation (Homma et al. 1983), aber auch elektrischer, noxischer Stimulation (Le Bars et al. 1976, Jurna u. Heinz) ergaben, wird durch spinal applizierte Opioide der C-Faser-Einstrom in einer dosisabhängigen Weise gehemmt [61, 68, 72]. Dies zeigt sich u.a. an einer herabgesetzten Entladungstätigkeit der weiterleitenden Hinterhornneurone. Die Opioideffekte sind durch Opiatantagonisten aufhebbar, d.h. sie sind naloxonreversibel [28, 32, 61, 68, 72, 117, 152].

Supraspinal angreifende Opiate bewirken nach Snyder eine Hemmung schmerzhaften Einstroms in Bahnen des paleospinothalamischen Systems [123]. Ferner vermitteln supraspinal applizierte Opiate eine absteigende Hemmung von Hinterhornneuronen. So konnten Gebhardt et al. am Tier nachweisen, daß die Injektion von Morphin in das PAG die durch Hitzestimulation hervorgerufene Entladungstätigkeit von Hinterhornneuronen hemmt. Die Injektion des Opiatantagonisten Naloxon, intravenös oder in das PAG, antagonisierte diesen Opiateffekt [40].

Die in den Versuchen von Le Bars et al., Jurna u. Heinz, Du et al., Gebhard et al. und auch von Zimmermann gefundene Abnahme der Entladungstätigkeit von Hinterhornneuronen unter Opiateinwirkung bei unveränderter Reizgröße des thermischen oder elektrischen Stimulus entspricht der in unseren Untersuchungen gefundenen Anhebung der Schmerzschwelle [31, 68, 72, 156, 157].

Frühere eigene Untersuchungen am Patienten haben ergeben, daß topisch epidural applizierte Opiate eine segmentale Hemmung schmerzhaften Einstroms aus oberflächlichen und tiefen Körpergeweben bewirken [103, 154]. Mittels standardisierter Hitzestimulation war nachweisbar, daß eine Analgesie von Schmerzschwellenanstiegen in den entsprechenden Dermatomen begleitet war. Eine Erklärung dafür konnte nur sein, daß die aus unterschiedlichen Körperarealen stammenden C-Fasern segmental auf die gleiche Population von Hinterhornneuronen konvergieren, wo die über sie geleiteten Afferenzen durch topisch applizierte, aber auch systemisch zugeführte Opiate gehemmt werden können. Im Falle der epiduralen Opiatanalgesie war also die aszendierende Transmission von schmerzhaftem C-Faser-Einstrom aus oberflächlichen und tiefen Körperarealen am Ort der ersten sensiblen Schaltstelle gehemmt. Die „kutane"

Schmerzschwellenerhöhung zeigte somit das Ausmaß der opiatbedingten Hemmung auf Rückenmarksebene an.

Wie unsere Untersuchungen zur Wirkung von Pethidin auf die Schmerzschwelle nichtschwangerer Frauen zeigte, kommt es auch nach systemischer Gabe des Opiates zu eindeutigen Schmerzschwellenerhöhungen. Vergleichbare Schmerzschwellenanstiege haben wir auch nach systemischer Gabe von Fentanyl bzw. Pentazocin beobachtet [103]. Neben den bisher diskutierten spinalen Angriffspunkten kommt es aber hierbei zusätzlich zu einer supraspinalen Hemmung aszendierender Bahnen. Ferner wird die spinal-segmentale Transmission schmerzhaften Einstroms durch die supraspinale Aktivierung deszendierender, monoaminerger Bahnen gehemmt [87, 156, 157]. Der Einfluß kognitiv-wertender oder emotional-affektiver, opiatbedingter Effekte ist gegenüber der sensorischen Komponente als eher gering zu veranschlagen, da erhebliche Schmerzschwellenerhöhungen ohne supraspinale Opiatwirkung bei der spinalen Opiatanalgesie nachweisbar waren. Die von uns beobachteten Schmerzschwellenerhöhungen nach systemischer Opiatgabe sind also in erster Linie Ausdruck einer opiatbedingten Hemmung spinaler und supraspinaler schmerzleitender Strukturen. Es ist aber nicht möglich, den Anteil spinaler und supraspinaler Schmerzmechanismen nach systemischer Opiatgabe genau gegeneinander abzugrenzen oder sensorische von kognitiv-bewertenden Komponenten zu trennen.

Wie auch bei den Untersuchungen zur epiduralen Opiatanalgesie am Menschen sprechen die zeitlichen Verläufe der Schmerzschwellen unter Opiateinwirkung für die Spezifität und Validität unserer Ergebnisse. Einerseits verliefen die Schmerzschwellenveränderungen, wie auch nach epiduraler Opiatgabe, in jedem Falle nur unidirektional, d. h. im Zeitverlauf wurden unter Opiateinwirkung lediglich positive Veränderungen der Schmerzschwelle oberhalb der Ausgangsschmerzschwelle gemessen. Insbesondere aber zeigte sich in den vorliegenden Untersuchungen eine biphasische Zeitverlaufscharakteristik.

Becker et al. fanden, daß es nach Anästhesien mit Opiaten, z. B. Fentanyl, zu einem „biphasischen" Verhalten der Ventilation kam [8]. Eine postoperative, opiatbedingte Atemdepression bildete sich innerhalb von 2 h zurück, nach 150 min kam es jedoch zu einem Wiedereintreten der Atemdepression (50% des Kontrollwertes) und danach erst zu einer allmählichen Normalisierung nach 4 h. Eine Erklärung dieses in der Klinik gefürchteten Wiederauftretens atemdepressiver Opiatwirkung ergibt sich aus den pharmakokinetischen Studien von Stöckel et al. und Adams et al. [1, 128]. Sie fanden jeweils ein Wiederansteigen von Fentanylplasmaspiegeln während der Eliminationsphase, was sie auf eine enterohepatische Rezirkulation zurückführten. Der Wiederanstieg wurde durch entsprechende Wiedereintritte zentraler Opiateffekte begleitet. Entsprechende Beobachtungen wurden für Pethidin von Trudnowski u. Gessner beschrieben [138]. Unsere Untersuchungen des Schmerzschwellenverhaltens, aber auch die parallel dazu beobachteten auftretenden Vigilanzschwankungen, stützen also die Annahme dieser Autoren, daß es nach Opiatinjektion zum Auftreten von Reboundphänomen kommen kann.

Im Rahmen der bisherigen Ausführungen stellte sich nun die Frage, ob der Effekt exogener Opiate, aber auch endogener Opioide bei Nichtschwangeren und Schwangeren durch die Gabe eines reinen Opiatantagonisten aufhebbar ist.

Der „reine" Opiatantagonist Naloxon ist bei klinischer Dosierung frei von agonistischen Eigenschaften und nur in Anwesenheit von exogenen oder endogenen Opioiden antagonistisch wirksam. In Abwesenheit von endogenen Opioiden oder von agonistisch wirksamen Opiaten zeigt Naloxon in normaler Dosierung keine pharmakologische Eigenwirkung [58, 60, 115]. Wird das körpereigene schmerzleitende und verarbeitende System durch Opioide moduliert, so müßte die Gabe von Naloxon zu einer erhöhten Empfindlichkeit dieses Systems bei Einwirkung eines noxischen Stimulus führen, also eine Herabsetzung der Schmerzschwelle bewirken.

Bei Untersuchungen am Menschen fällt auf, daß der Mensch im Gegensatz zu anderen Spezies schon auf vergleichsweise geringe Dosen von Naloxon anspricht. So fand Willer, daß eine Dosis von 0,01–0,02 mg/kg KG Naloxon intravenös ausreichte, um den Effekt von zuvor appliziertem Morphin (0,2–0,35 mg/kg KG) aufzuheben. Mit der verwendeten Dosis konnten auch die Effekte endogener Opioidpeptide wirkungsvoll antagonisiert werden [146].

Die intravenöse Applikation der von uns gewählten Dosis von 1,2 mg Naloxon zeigt in unseren Untersuchungen an 7 jungen Frauen keine Beeinflussung der Schmerzschwelle durch den Opiatantagonisten. Dies würde bedeuten, daß körpereigene Opioide unter unseren Versuchsbedingungen die normalen Schmerzschwellen nicht wesentlich beeinflussen bzw. sehr feine Schmerzschwellenveränderungen durch unsere Meßapparatur nicht erfaßt werden. Der Anteil körpereigener Opioidsysteme an der körpereigenen Schmerzmodulation wäre also nach unseren Ergebnissen als eher gering einzustufen.

Goldstein et al. fanden in einer Studie an Versuchstieren ebenfalls keine Herabsetzung oder Veränderung der normalen Schmerzschwelle [45]. El Skoby et al. sowie Grevert u. Goldstein fanden am Menschen, daß Naloxon allein die Schmerzschwelle unverändert ließ [34, 51]. In unseren Untersuchungen ergaben sich auch keine Hinweise auf eine Beeinflussung der Atmung, der Herzkreislauffunktion oder des Sensoriums durch die Gabe des Opiatantagonisten. Dies entspricht den Untersuchungsergebnissen von Evans et al. und Dick et al. [27, 35]. Sie fanden, daß Naloxon bei normalen Probanden auch in relativ hohen Dosen weder Atemveränderungen noch psychomimetische oder andere Nebenwirkungen verursachte. Bei der Verwendung von Naloxon in der von uns verwandten Dosis (1,2 mg) fand Willer im Doppelblindversuch gegen Plazebo (NaCl) an Menschen ebenfalls keine Beeinflussung von Herzfrequenz und Atmung [145].

Andere Untersuchungen von Jakob et al. haben wiederum gezeigt, daß Naloxon eine dosisabhängige Erniedrigung der Schwelle für die Auslösung von Schmerzreaktionen bewirken kann [65]. Entscheidend für die unterschiedlichen Untersuchungsergebnisse ist nach Herz, ob bei den Untersuchungen wirklich Normalbedingungen herrschen oder ob etwa Streßfaktoren ihrerseits schon zu einer Aktivierung körpereigener Opioidsysteme geführt haben oder führen [58]. Kommen nämlich Streßbedingungen hinzu, z. B. bei Elektrostimulation, Akupunktur, Schmerz etc., so ist evtl. doch eine „hyperalgetische Wirkung" von Naloxon im Sinne einer Antagonisierung endogener Opioideffekte nachweisbar [2, 62, 74, 78, 87]. Nach Holaday vermögen solche „positiven" Naloxonversuche allerdings keine Antwort auf die Frage zu geben, welche Opioide zu einem antinozizeptiven „*Grund*"-Tonus beitragen und von welchen Strukturen diese ausgeht [60].

Der Nachweis der Wirksamkeit von Naloxon als Opiatantagonist ergibt sich aus der Untersuchung zum Schmerzschwellenverhalten einer Patientin. Diese hatte bei einer in Lokalanästhesie durchgeführten Bauchspiegelung 1 mg/kg Pethidin intramuskulär erhalten. Durch die Untersuchungsanordnung war gewährleistet, daß weder die Untersucherin noch die Patientin wußten, welche Substanz zu welchem Zeitpunkt verabreicht wurde. Eine Plazebogabe von physiologischer Kochsalzlösung i.v. ergab keine Schmerzschwellenerniedrigung. Eine intravenöse Dosis von 1,2 mg Naloxon führte dagegen zu einem raschen Abfall der Schmerzschwelle in den Ausgangsbereich. Dabei berichtete die Patientin über passagere, dysaesthetische Sensationen im Rückenbereich.- Die von uns verwendete Dosis genügte also, um eine vergleichbare Dosis eines exogen zugeführten Opiats zu antagonisieren. Das leichte Wiederansteigen der Schmerzschwelle nach dem initialen Abfall werteten wir als Hinweis, daß die Wirkungsdauer von Naloxon begrenzt ist und es bei Vorgabe höherer Opiatdosen evtl. zum Wiederauftreten von Opiateffekten kommen kann.

Hiermit war also der Beweis erbracht, daß die von uns zuvor beschriebenen Schmerzschwellenerhöhungen unter systemischer Opiatgabe tatsächlich opiatspezifisch sind.

### 5.3 Postpartale Schmerzschwellen und Naloxonapplikation

Die Fähigkeit von Naloxon, Opiate oder Endorphine vom Rezeptor zu verdrängen, ist zwar bei verschiedenen Liganden und Rezeptorklassen unterschiedlich. μ-Agonisten werden besser verdrängt als δ- oder k-Agonisten. Die Unterschiede sind aber nicht so stark ausgeprägt, als daß sie diesbezüglich bei Untersuchungen am intakten Organismus exakte Rückschlüsse ermöglichen würden [58, 60].

Wir gingen in den vorliegenden Untersuchungen davon aus, daß die zuvor verwendete Dosis von Naloxon entsprechend den Untersuchungen von Willer geeignet sein müßte, die von uns gemessenen schwangerschaftsbedingten Schmerzschwellenerhöhungen aufzuheben [26, 145, 146, 147]. Da sowohl der gesamte Zeitraum der Schwangerschaft als auch die Geburt wegen möglicher Nebenwirkungen auf Mutter und Kind für eine Naloxongabe entfiel [47], mußten wir unsere Untersuchungen auf die frühe postpartale Phase beschränken [33]. Da bei den Frauen zu diesem Zeitpunkt Schmerzen nicht mehr auftraten, war auch nicht zu befürchten, daß Naloxon eine Hyperalgesie oder Schmerz mit den entsprechenden vegetativen Begleiterscheinungen induzieren würde.

Die noch 1–2 h postpartal erhöht gefundenen Schmerzschwellen ließen sich bei 7 Frauen durch die Plazebogabe von 3 ml Kochsalz nicht beeinflussen. Wohl aber kam es durch die intravenöse Gabe von 1,2 mg Naloxon innerhalb kurzer Zeit zu einem Abfall der Schmerzschwelle. Die Injektion war subjektiv lediglich vom Auftreten eines Wärmegefühls im Unterbauch begleitet, nicht jedoch von Schmerzen im Bereich des Geburtskanals. Auch ergab sich keine Aktivierung von Kreislauf und Atmung, wie dies bei der postpartalen Anwendung von Naltrexon von Ehrenreich et al. am Rind beschrieben wurde [33]. Der Abfall der

Schmerzschwelle war steil und kann entsprechend dem Antagonisierungsversuch bei Pethidin als Beweis für eine Antagonisierung endogener Opioideffekte gelten.

Nach Erreichen eines niedrigen Wertes kam es zu einem leichten Wiederanstieg der Schmerzschwelle, ohne daß allerdings das zuvor bestehende hohe Schmerzschwellenniveau wieder erreicht wurde. Dieses Verhalten ist wohl wiederum dadurch zu erklären, daß es zu kompetitiven Vorgängen zwischen endogenen Liganden und dem Opiatantagonisten im Rezeptorbereich kommt. Da es allerdings auch spontan, wie auch von Gintzler an der Ratte gefunden [43], zu einem langsamen, postpartalen Abfall der Schmerzschwelle kommt, müssen wir davon ausgehen, daß möglicherweise endogene Liganden nach Abschluß der Geburt zunehmend deaktiviert werden.

Unsere Ergebnisse entsprechen den von Gintzler am Tier erhobenen Befunden, daß eine schwangerschaftsbedingte Erhöhung der Schmerzschwelle durch Gabe eines reinen Opiatantagonisten beeinflußt werden kann [43]. Unsere Untersuchungen unterscheiden sich dadurch, daß statt Naltrexon das kürzer wirksame Naloxon verwendet wurde. In den vorliegenden Untersuchungen konnten wir die erhöhten Schmerzschwellen durch den Opiatantagonisten Naloxon akut senken, wogegen in Gintzlers Untersuchung ein solcher Schmerzschwellenanstieg durch sog. chronische Naltrexonbehandlung der trächtigen Tiere verhindert wurde [43]. Insofern ergänzen sich unsere jeweiligen Untersuchungsergebnisse.

Nach den bisher vorliegenden Befunden kommt es somit beim Menschen und beim Tier ohne einen erkennbaren Einfluß exogener Stressoren zu einem Anstieg der Schmerzschwelle, die sich nach Beendigung der Schwangerschaft wieder spontan normalisiert. Da der Schmerzschwellenanstieg durch die Gabe eines Opiatantagonisten, nicht aber durch Plazebo verhindert bzw. rückgängig gemacht werden kann, ist anzunehmen, daß endogene Opioidpeptide während der Schwangerschaft und der Geburt zu einer verminderten Schmerzempfindung beitragen.

Das Ausmaß dieser Schmerzempfindlichkeit Schwangerer kann in der Literatur lediglich mit den von Dehnen et al. und Willer beschriebenen Fällen einer kongenitalen Analgesie verglichen werden [26, 14]. Bei 5 von den Autoren beschriebenen Fällen lag die Reaktionsschmerzschwelle zur Auslösung nozizeptiver Reflexe wesentlich höher, als dies bei normalen Probanden der Fall war. Plazebo hatte keinen Effekt auf die erhöhte Reaktionsschwelle, wogegen Naloxon intravenös in einer Dosierung zwischen 0,02–0,05 mg/kg zu einem raschen und dramatischen Abfall der Reaktionsschwelle in den Normalbereich führte. Danach kam es zu einem spontanen Wiederanstieg der Schwelle. Dieses Verhalten spricht dafür, daß auch hier die Aktivierung eines endogenen Opioidsystems für die endogene Analgesie verantwortlich ist.

Aus unseren bisherigen Untersuchungen ergibt sich also, daß es während Schwangerschaft und Geburt beim Menschen zu einer erheblichen endogenen Schmerzmodulation unter Beteiligung endorphinerger Mechanismen kommt.

## 5.4 Endogene Schmerzmodulation und endokrine Faktoren

Unklar war und ist bisher, welche der im Zentralnervensystem und/oder peripheren Gewebe lokalisierbaren oder freigesetzten Opioidpeptide die Schmerzschwellenerhöhung bewirken. Aufgrund zahlreicher Untersuchungen wissen wir, daß das Hypophysen-Nebennierensystem bei der Auslösung der sog. naloxonreversiblen Streßanalgesie von Bedeutung ist. So führt zum Beispiel eine intermittierende noxische Reizung (z. B. intermittent, inescapable foot shock) bei Versuchstieren zu einer naloxon-reversiblen Erhöhung der Schmerzschwelle. Ein ähnlicher Effekt läßt sich durch Elektroakupunktur oder durch Elektrostimulation tiefer Hirnregionen (z. B. des PAG) auslösen [2, 62, 101]. Diese endogenen Analgesieformen weisen nach Lewis und Millan sowohl opioid-vermittelte als auch nichtopioid-vermittelte Komponenten auf [75, 84, 87].

Das „Streß"hormon ACTH wird zusammen mit β-Endorphin und anderen Peptiden aus dem sog. gemeinsamen Vorläufermolekül Proopiomelanocortin (POMC) aus Zellen des Hypophysenvorder- und Mittellappens bzw. aus Axonen des hypothalamischen Nucleus arcuatus freigesetzt [49, 58–60].

In früheren eigenen Untersuchungen haben wir erstmals den Nachweis hoher, während der Geburt weiter ansteigender β-Endorphin- und ACTH-Plasmaspiegel bei Gebärenden erbracht [22, 23]. Diese Untersuchungsergebnisse wurden von mehreren Autoren bestätigt [4, 37, 41, 46].

Ferner ergab sich aus eigenen vergleichenden immunhistochemischen Untersuchungen an der Plazenta von Mensch und Ratte sowie aus Untersuchungen von Julliard, daß es keine Hinweise für eine Synthese dieser oder verwandter Opioidpeptide in plazentaren Strukturen gibt [67, 107, 144].

Da die von uns im Plasma der Neugeborenen gefundenen β-Endorphin-Konzentrationen geringer waren als die mütterlichen Konzentrationen [23, 24, 102, 104], ergab sich, daß das im mütterlichen Plasma nachweisbare β-Endorphin in erster Linie aus der mütterlichen Hypophyse stammen mußte, wo es, wie von Guillemin et al. (1977) erstmals beschrieben, zusammen mit ACTH äquimolar aus dem gemeinsamen Vorläufermolekül POMC freigesetzt wird [49]. Untersuchungen von Goland et al. haben eine solche parallele Freisetzung der Peptidhormone β-Endorphin und ACTH während der Geburt bestätigen können [46]. Da ACTH das Steuerhormon für die Freisetzung von Kortisol aus der Nebennierenrinde ist und dieses Glukokortikoid über die Freisetzung des hypothalamischen Corticotropin Releasing Hormone (CRH) die ACTH- und β-Endorphinausschüttung im Sinne eines klassischen neuroendokrinen Regelkreises steuert, haben wir ACTH als Indikatorhormon für eine intakte Funktion der Adenohypophyse gewählt. ACTH ist also repräsentativ für eine parallel erfolgende β-Endorphinausschüttung [46, 49, 59].

In unseren Untersuchungen korrelierte der bei Schwangeren gemessene Plasma-ACTH-Spiegel nicht mit den zur gleichen Zeit ermittelten Schmerzschwellen. Dies stellt die von uns selbst und auch anderen Arbeitsgruppen ursprünglich diskutierte Vorstellung in Frage, daß Plasma-β-Endorphin für eine endogene Schmerzmodulation verantwortlich ist. Zum einen hatten wir schon in früheren Untersuchungen diskutiert, daß die im Plasma von Gebärenden gefundenen erhöhten β-Endorphinkonzentrationen wahrscheinlich zu gering sind, um die Bluthirnschranke zentralwärts zu passieren und an zentralnervösen Strukturen einen analgetischen Effekt auszuüben. Auch ist ein solcher Übergang aufgrund des hohen Molekulatgewichtes von ACTH bzw. β-Endorphin eher zweifelhaft [23, 101]. Andererseits konnte Willer bei Patienten mit endokrinologischen Krankheitsbildern (Nelson Syndrom bzw. ektopische ACTH/ β-Endorphin-Bildung) nachweisen, daß es trotz massiv erhöhter β-Endorphin-Plasmaspiegel zu keiner Veränderung der nozizeptiven Reflexschwelle kam und auch die Gabe von Naloxon (0,03 mg/kg) dieselbe nicht beeinflußte [147].

Das Schmerzschwellenverhalten einer 39jährigen schwangeren Patientin mit Sheehan Syndrom kann als Gegenbeispiel gelten. Die offensichtlich schwangerschaftsinduzierte Erhöhung der Schmerzschwelle und das postpartale Abfallen derselben ist ein entscheidender Hinweis, daß hypophysäres ACTH/β-Endorphin und Cortisol beim Zustandekommen des schwangerschaftsbedingten Schmerzschwellenverhaltens nicht ursächlich beteiligt sind.

Baron u. Gintzler fanden in ihren Untersuchungen an adrenalektomierten schwangeren Ratten einen 3fachen Anstieg der Plasma-β-Endorphinspiegel im Vergleich zu schwangeren scheinoperierten Tieren. Bei beiden Gruppen kam es, wie auch bei normalen schwangeren Tieren, zu einem ausgeprägten Anstieg der Schmerzschwelle bis zur Geburt, wobei sich lediglich am 3. präpartalen Tag bei den adrenalektomierten Tieren mit hohen Plasma-β-Endorphinspiegeln signifikant höhere Schmerzschwellen im Vergleich zu den scheinoperierten Tieren nachweisen ließen [6].

Auch die von uns während normaler Geburten gefundenen konstant erhöhten Schmerzschwellen sprechen gegen eine akute Beeinflussung der Schmerzschwelle durch variable periphere β-Endorphinspiegel. Frühere eigene Untersuchungen, die auch von Fletcher bestätigt wurden, haben gezeigt, daß die ACTH und β-Endorphinspiegel mit fortschreitender Geburt ansteigen [23, 37, 102]. Somit wäre bei Annahme einer dosisabhängigen pharmakologischen Wirkung hypophysären ACTH/ β-Endorphins ein progredienter Schmerzschwellenanstieg während der Geburt zu erwarten gewesen. Dieser trat aber nicht ein.

Wie wir andererseits wissen, manifestiert sich eine Streßanalgesie oder die wir vergleichbare Elektroakupunkturanalgesie nur, wenn die Adenohypophyse intakt ist. Hypophysektomie bzw. Entfernung der Adenohypophyse, nicht aber des Hypophysenmittel und -hinterlappens führen dazu, daß eine Schmerzschwellenerhöhung als Ausdruck der Analgesie nicht mehr ausgelöst werden kann. Beim intakten Tier führt eine zusätzliche Verabreichung von ACTH zu einem schnelleren Eintritt der Elektroakupunkturanalgesie. Dieser Effekt ist jedoch nicht naloxon-reversibel [25, 75, 84, 87]. Somit muß gesagt werden, daß eine physiologische Rolle des hypophysären ACTH/ β-Endorphins im Rahmen des Schmerzgeschehens während der Geburt möglich, für die Schmerzschwellenanstiege aber nicht ausschlaggebend ist.

Welches ist nun aber die Rolle der Nebenniere bzw. der Nebennierenhormone beim Zustandekommen der Streßanalgesie bzw. der schwangerschaftsspezifischen Analgesie? Beim intakten, normalen Tier führt nach Das et al. die zusätzliche Gabe des Glukokortikoids Dexamethason zu einem schnelleren Auftreten der Elektroakupunkturanalgesie. Somit beruht der oben beschriebene ACTH-Effekt evtl. darauf, daß Glukokortikoide aus der Nebenniere freigesetzt werden und zu einer Aktivierung zentraler, aber nicht Naloxon-reversibler Mechanismen führen. Andererseits bewirkt eine beiderseitige Adrenalektomie allein bei Versuchstieren eine bessere Ansprechbarkeit gegenüber der Elektroakupunktur und ein schnelleres Eintreten der Analgesie. Dexamethasonsubstitution bei adrenalektomierten Tieren erbrachte keine weitere Veränderung der verlängerten Reaktionszeit im Tail flick-Test. Auch war dieselbe durch Naloxongabe nicht zu beeinflussen [25].

Die von uns gefundene positive Korrelation von Kortisol mit den entsprechenden individuellen Schmerzschwellen sowohl nichtschwangerer als auch schwangerer Frauen deuten darauf hin, daß Kortisol am intakten Organismus eine fördernde Wirkung auf das Zustandekommen einer zentralen Schmerzmodulation haben könnte. Glukokortikoide reichern sich nach McEwen et al. und Vidal et al. im Zentralnervensystem besonders in Zellen des Hippocampus und des Septums an und haben dort einen inhibitorischen Effekt auf empfindliche Neurone. Ferner potenzieren sie den inhibitorischen Effekt von zuvor applizierten Opioiden an opioidsensitiven Nervenzellen [79, 140].

Nach Baron u. Gintzler ist bei adrenalektomierten schwangeren Ratten der Schmerzschwellenanstieg allerdings nicht von einer intakten Nebennierenfunktion abhängig. Sowohl bei unsupplementierten wie bei den mit ausreichenden Mengen von Kortisol supplementierten, adrenalektomierten, trächtigen Tieren waren jeweils vergleichbare Schmerzschwellenanstiege zu beobachten [6]. Somit entfällt ein entscheidender Einfluß der Nebenniere auf die Manifestation der schwangerschaftsbedingten Schmerzschwellenerhöhung. Es scheidet somit auch ein entscheidender Einfluß des Nebennierenrindenhormons Kortisol bzw. des schwachen Nebennierenandrogens DHEAS auf das Zustandekommen des Schmerzschwellenanstiegs bei Schwangeren aus.

Wichtig ist ferner, daß ein Einfluß der im Nebennierenmark in hohen Konzentrationen zusammen mit Adrenalin und anderen Stoffen in chromaffinen Zellen gelagerten und aus diesen unter Streßbedingungen freigesetzten Enkephalinen entfällt. Diese Opioidpeptide, die sich von dem gemeinsamen Vorläufermolekül Proenkephalin ableiten, haben aufgrund ihres schnellen Abbaus im Plasma eine im Vergleich zu $\beta$-Endorphin ohnehin schwache analgetische Wirksamkeit [59, 60]. Somit scheinen Opioidpeptide der Nebenniere nicht für die Auslösung schwangerschaftsbedingter, zentraler Analgesieeffekte verantwortlich zu sein.

Die bisher vorliegenden Befunde deuten somit darauf hin, daß die schwangerschaftsbedingten Schmerzschwellenveränderungen auf einer Aktivierung von Opioidsystemen im Bereich zentraler, schmerzleitender und verarbeitender Systeme beruhen. Wie aber ist es zu erklären, daß es erst mit fortschreitender Schwangerschaft zu einem Anstieg und mit Beendigung der Geburt zu einem schnellen, spontanen Abfall der Schmerzschwelle kommt?

Gintzler vermutete, daß die schwangerschaftsbedingte Dehnung bzw. Vergrößerung des Uterus zu einer Aktivierung und Modulation schmerzleitender und verarbeitender Systeme führt. Die Durchtrennung der Nn. hypogastrici, die den Uterus der Ratte innervieren, führt nach seinen Untersuchungen zu einer Abschwächung des schwangerschaftsinduzierten Schmerzschwellenanstiegs, beseitigt diesen aber nicht [44]. Dies würde bedeuten, daß es über eine anhaltende vermehrte Entladungsrate peripherer Rezeptoren zu einer peptidergen Anpas-

sung im Bereich zentraler Schaltstellen kommt. Eine Adaption zentraler Opioid-
mechanismen z. B. aufgrund chronischer Schmerzzustände wurde von Millan et
al. beschrieben [86].

Auch das Auftreten der von Steinmann et al. beschriebenen Naloxonreversiblen
Hypalgesie nach vaginaler Stimulierung bei Ratten während einer bestimmten
Phase des Zyklus scheint nur eine unzureichende Erklärung für das Zustande-
kommen der schwangerschaftsbedingten Schmerzmodulation abzugeben. Diese
Form der peripher ausgelösten Analgesie wird von einer temporären Immobili-
sierung der Tiere begleitet. Neben Opioiden spielen dabei $\alpha$-adrenerge Mecha-
nismen eine Rolle. Eine permanente vaginal-zervikale Stimulation durch das
Wachstum des Uterus bzw. der Frucht ist aber nur schwer vorstellbar [127].

Unsere eigenen Befunde zu den während der Schwangerschaft in der Plazenta
synthetisierten Schwangerschaftshormen 17-$\beta$-Oestradiol und Progesteron bestätigen, daß es mit fortschreitender Schwangerschaft zu einer Zunahme der Synthese dieser plazentaren Steroide kommt [111]. Ein verwertbares Korrelationsverhalten der Schmerzschwelle mit dem Oestradiolspiegel ergab sich aber lediglich bei Nichtschwangeren in dem Sinn, daß höhere Konzentrationen mit geringeren Schmerzschwellen einhergingen, für Progesteron war ein solches Verhalten aber nicht nachweisbar. Bei Schwangeren ergab sich weder für Progesteron
noch für 17-$\beta$-Oestradiol in bezug auf die Schmerzschwelle ein verwertbares
Korrelationsverhalten. Bei der Korrelation von Schmerzschwellen und Hormonspiegeln in der Gesamtgruppe kam es aber allein aufgrund der eindeutigen Kon-
zentrationsdifferenzen zu einer engen Korrelation. Diese kann aber auch zufälli-
ger Art sein.

Aus tierexperimentellen Untersuchungen von Pfaff u. McEwen ist bekannt,
daß Östrogene und auch Progesteron die Erregbarkeit von Zellen im medialen
Hypothalamus, der Area praeoptica, den medialen Amygdalakernen und dem
lateralen Septum beeinflussen. Ein Teil dieser Wirkung beruht wahrscheinlich
auf einer über zytoplasmatische Rezeptoren vermittelten Erhöhung der neuronalen Eiweißsynthese und des axonalen Transportes von Peptiden, die bei der
Neurotransmission bzw. Neuromodulation eine Rolle spielen. Auch kommt es
unter dem Einfluß von Östrogen zu einer verstärkten Bildung von Progesteron-
rezeptoren. Progesteron wiederum beeinflußt wie Oestradiol in denselben ven-
tromedialen Hypothalamuskernen die neuronale Eiweißsynthese, wobei sich die
Wirkung beider Steroidhormone potenziert [97].

Wardlaw et al. konnten an nichtschwangeren Affen nachweisen, daß $\beta$-Endor-
phin hypothalamischen Ursprungs ins Pfortaderblut der Hypophyse abgegeben
wird. Zur Zeit der Menses oder nach Ovariektomie fielen diese Spiegel stark ab.
Oestradiolsubstitution führte bei ovariektomierten Tieren zu einem erneuten Anstieg der $\beta$-Endorphinspiegel, wobei die gleichzeitige Verabreichung von Progesteron diesen Effekt verstärkte [141, 142]. Auch aus frühen elektrophysiologischen Untersuchungen an Zellen des hypothalamischen Nucleus arcuatus von
Ratten geht hervor, daß die elektrische Aktivität dieser Zellen sich in Abhängigkeit vom jeweiligen Zykluszeitpunkt, d. h. unter dem Einfluß von Geschlechts-
hormonen, verändert [96].

Zellen des hypothalamischen Nucleus arcuatus sind der Hauptsyntheseort für
$\beta$-Endorphin. Von hypothalamischen Zellen ziehen lange Axone unter Einbezie-

hung des dorsomedialen Thalamus zum Boden des 4. Ventrikels und zu Hirnstammstrukturen. Fasern enden im periaquäduktalen Grau, im Locus coeruleus, dem Nucleus tractus solitarius, der Substantia gelatinosa der Medulla oblongata sowie den Amygdalakernen [58, 60]. Diese Bahnen sind bei der Regulation autonomer Funktionen und der zentralen Schmerzverarbeitung beteiligt [87]. Eine Ausschaltung des Nucleus arcuatus führt bei der Ratte zu einer Herabsetzung des β-Endorphin-Gehaltes im Hypothalamus und im periventrikulären Grau des Mittelhirns. Im Tierexperiment zeigte sich gleichzeitig eine deutliche Herabsetzung der Streßanalgesie [85]. Eine Aktivierung dieser Bahnen beim Menschen, z. B. bei periventrikulärer Stimulation, führt zu einer Naloxonreversiblen Analgesie bei gleichzeitig nachweisbarer Erhöhung des β-Endorphinspiegels im Liquor cerebrospinalis [2, 62, 100].

Aufgrund der vorangegangenen Überlegungen müßten somit während der Schwangerschaft bei Mensch und Tier steroidbedingt erhöhte Konzentrationen von endogenen Opioidpeptiden in den bei der Antinozizeption beteiligten Hirnarealen bzw. im Liquor cerebrospinalis nachweisbar sein.

Steinbock et al. haben den Liquor von Nichtschwangeren sowie von Schwangeren und Gebärenden auf den Gehalt an β-Endorphin untersucht. Sie fanden ab der 16.–20. Schwangerschaftswoche bis zur Geburt gegenüber der Kontrollgruppe gleichbleibend erhöhte Konzentrationen von β-Endorphin im Liquor. Dieser Anstieg war allerdings statistisch nicht signifikant. Im Plasma waren die β-Endorphinspiegel von Nichtschwangeren und Schwangeren dagegen nicht erhöht. Erst während der Geburt kam es, wie bereits von uns beschrieben, zu einem akuten Anstieg der Plasmaspiegel, die aber nicht von einem Anstieg im Liquor begleitet wurden [126]. Diese Befunde sind u. E. durchaus mit einer schwangerschaftsbedingten, endorphinergen Schmerzmodulation vereinbar. Einerseits können auch relativ gering erhöhte Liquor-β-Endorphinspiegel für eine vermehrte zentrale Antinozizeption verantwortlich sein, da die hemmende Bluthirnschranke entfällt und somit die Penetration ins Gewebe eher niedrige Peptidkonzentrationsgradienten erforderlich macht. Andererseits spricht die Dissoziation von Plasma gegenüber den Liquorspiegeln während der Geburt nicht gegen eine Schmerzmodulation, da diese zu diesem Zeitpunkt voll ausgeprägt ist und ein weiterer zentraler β-Endorphinanstieg aufgrund des von uns während der Geburt gefundenen konstanten Schmerzschwellen nicht zu erwarten ist.

Aufschlußreich ist ferner die Publikation von Wardlaw u. Frantz, die den Nachweis von β-Endorphin im Gehirn von nichtträchtigen, trächtigen, gebärenden und laktierenden Ratten führten. Sie fanden, daß die β-Endorphinkonzentraionen im Hypothalamus, dem Mittelhirn und dem Amygdala, nicht aber im Thalamus, während Schwangerschaft und Geburt gegenüber der Kontrollgruppe nichtschwangerer Tiere gleichbleibend erhöht waren und daß sich diese erhöhten β-Endorphinkonzentrationen 1–2 Tage postpartal wieder zurückbildeten. Bei laktierenden Tieren war am 4. postpartalen Tag eine β-Endorphinerhöhung nicht mehr festzustellen. Wardlaw schloß aus diesen Untersuchungen, daß es schwangerschaftsbedingt zu erhöhten β-Endorphinkonzentrationen in den für die Schmerzmodulation bedeutsamen Hirnarealen kommt und daß diese Opioidpeptide für eine schwangerschaftsbedingte Schmerzmodulation verantwortlich sein könnten [143].

Welches könnte nun aber die Rolle der während der fortschreitenden Schwangerschaft aus der Plazenta in zunehmendem Maße gebildeten und freigesetzten steroidalen Geschlechtshormone 17-β-Oestradiol und Progesteron sein? Bei niedriger Konzentration ist eine Beeinflussung der normalen Schmerzschwelle, wie bei unseren Untersuchungen zum Verhalten der Schmerzschwelle in bezug auf 17-β-Oestradiol aufgezeigt, im Sinne zyklischer Veränderungen auf niedrigem Niveau denkbar. Steroidkonzentrationen auf sehr hohem Niveau während der Schwangerschaft könnten dafür verantwortlich sein, daß es über eine erhöhte Syntheserate von Opioidpeptiden im Zentralnervensystem zu einem erhöhten inhibitorischen Tonus opioidsensitiver Systeme kommt [111].

Die Befunde ansteigender Schmerzschwellen mit fortschreitender Schwangerschaft, das Erreichen maximaler Werte bei Vorliegen hoher Steroidkonzentrationen, der postpartale Abfall nach Beendigung der Geburt bzw. das Ausstoßen der Steroide produzierenden Plazenta sowie die Naloxon-Reversiblilität des Schmerzschwellenanstieges wären somit erklärbar. Auch die von Selye 1941 erstmals beschriebene anästhetische Wirkung von Steroidhormonen in hohen Dosen und die unterschiedliche Ansprechbarkeit männlicher und weiblicher Versuchstiere auf diese Hormone sprechen dafür, daß Geschlechtshormone bei der schwangerschaftsspezifischen, endogenen endorphinergen Schmerzmodulation eine Rolle spielen könnten [120].

Es muß weiteren tierexperimentellen Untersuchungen vorbehalten bleiben, die Ursachen für die von uns am Menschen gefundene schwangerschaftsbedingte, endorphinerge Schmerzmodulation aufzuklären; ferner muß durch neurophysiologische Untersuchungen geklärt werden, welche der zentralen schmerzleitenden und verarbeitenden Systeme in der Schwangerschaft durch endogene Opioidpeptide entscheidend moduliert werden und welche Opioidpeptide dafür verantwortlich sind. Wir hoffen, daß eine Beantwortung dieser offenen Fragen einen weiteren Einblick in die Funktionsweise endogener Schmerzkontrollmechanismen erbringen wird und daß sich möglicherweise ein Zusammenhang zwischen diesen Mechanismen und endokrinen Faktoren der Reproduktionsphysiologie ergeben wird.

# Zusammenfassung

Der Nachweis opiatartig wirkender Peptide im Plasma von Schwangeren und Gebärenden ließ vermuten, daß im Rahmen der Schwangerschaft und des Geburtsgeschehens aktivierte körpereigene Opioide nicht nur im Sinne einer Interaktion mit anderen hypothalamisch-hypophysären Peptidhormonen von Bedeutung sind, sondern daß sie auch eine antinozizeptive Wirkung ausüben könnten. Gintzler konnte in einer plazebokontrollierten Studie an trächtigen Ratten nachweisen, daß es während der Schwangerschaft beim Tier zu einer progredienten Erhöhung der Reaktionsschmerzschwelle auf einen elektrischen Schmerzreiz kommt und daß dieser Schmerzschwellenanstieg durch Langzeitapplikation des reinen Opiatantagonisten Naltrexon verhindert werden kann.

Ziel der vorliegenden Untersuchungen war es, mögliche Veränderungen der Schmerzempfindung bei Schwangeren, Gebärenden und Wöchnerinnen im Vergleich zu nichtschwangeren Kontrollpersonen zu ermitteln, den Nachweis opioiderger Mechanismen bei einer schwangerschaftsspezifischen Schmerzmodulation zu führen und deren Ursachen zu erforschen.

Zur Bestimmung der individuellen Schmerzschwellen bedienten wir uns der Methode der standardisierten Hitzestrahlstimulation (engl: graded heat stimulation). Dabei wird ein Hitzestrahl mit allmählich zunehmender Intensität (ca. $0,5°C/s$) auf ein umschriebenes Hautareal (Dermatom $C_6$ bzw. $S_1$) fokusiert, bis die Aktivierung von Nozizeptoren, vorwiegend im C-Faser-Bereich, zu einer ersten subjektiven Schmerzwahrnehmung führt. Die Reizintensität, bei der erstmals Schmerz wahrgenommen wird, definiert die Wahrnehmungsschmerzschwelle (PTH) und wird in Grad Celsius ($°C$) angegeben.

Bei insgesamt 203 Frauen im gebärfähigen Alter wurden die individuellen Schmerzschwellen bzw. Schmerzschwellenverläufe bestimmt. 139 Frauen waren Schwangere oder Gebärende; 64 Nichtschwangere wurden bei Kontrolluntersuchungen berücksichtigt.

Die Schmerzschwellen von 14 nichtschwangeren Kontrollpersonen zeigten bei 5minütigen Meßintervallen über 1 h keine signifikanten Veränderungen der Schmerzschwelle im Zeitverlauf. Eine Querschnittstudie an 80 schwangeren Frauen mit unterschiedlichen Gestationszeiten ergab, daß es ab dem 2. Trimenon der Schwangerschaft gegenüber einem Kontrollkollektiv von 18 Nichtschwangeren sowie Frauen in der Frühschwangerschaft zu einer Erhöhung der Schmerzschwelle kommt. Am Geburtstermin war bei den Schwangeren mit $49,9 \pm 1,33°C$ gegenüber den Nichtschwangeren mit $44,5 \pm 1,33°C$ ein hochsignifikanter Anstieg der Schmerzschwelle nachweisbar. Dies war in unterschiedlichen Dermatomen zu beobachten. In epidemiologischen Untersuchungen ergab sich lediglich eine Abhängigkeit der erhöhten Schmerzschwelle vom Kriterium einer fortgeschritten Schwangerschaft.

Bei 11 Frauen ohne Schmerzmedikation kam es während der Geburt zu keinem weiteren Anstieg der mit $50,6\,°C \pm 2,7\,°C$ erhöhten Schmerzschwelle, wohl aber kam es in Abhängigkeit von der Muttermundweite zu einer Zunahme der mittels einer visuellen Analogskala (VAS) nach Scott ermittelten subjektiven Schmerzintensität. Die Gabe eines Opiatagonisten (50 mg Pethidin i. m.) bei 11 Frauen während der Geburt hatte lediglich einen minimalen Effekt auf die konstant erhöhte Schmerzschwelle und die subjektive Schmerzempfindung. Dasselbe Medikament führte dagegen bei 7 Nichtschwangeren zu einem signifikanten Anstieg der Schmerzschwelle über 3–4 h mit dem Bild eines biphasischen Wirkungsprofils.

Nach der Geburt kam es innerhalb eines Tages bei 8 normalen Frauen und einer Frau mit Sheekan-Syndrom zu einem spontanen hochsignifikanten Abfall der individuellen Schmerzschwelle in den bei Nichtschwangeren ermittelten Normbereich.

Die Gabe von 1,2 mg des „reinen" Opiatantagonisten Naloxon bewirkte bei 7 Nichtschwangeren keine Änderung der Schmerzschwelle. Bei einer mit 100 mg Pethidin behandelten Frau führte die plazebokontrollierte Naloxonapplikation (1,2 mg i. v.) dagegen zu einer schnellen Senkung der opiatbedingt erhöhten Schmerzschwelle. Die postpartale, intravenöse Gabe von 1,2 mg Naloxon führte in einer plazebokontrollierten, doppelblinden Untersuchung bei 7 Frauen zu einem schnellen, hochsignifikanten Abfall der Schmerzschwelle.

Bei der Untersuchung von adrenokortikotropem Hormon (ACTH), Kortisol, Dehydroepiandrosteron (DHEAS), 17-β-Oestradiol und Progesteron im Plasma von 19 Nichtschwangeren und 20 Schwangeren und gleichzeitiger Bestimmung der Schmerzschwelle ergaben sich lediglich Hinweise auf eine hormonelle Beeinflussung der Schmerzschwelle nichtschwangerer und schwangerer Frauen.

Das Verhalten von ACTH im Plasma, als repräsentatives Schwesterhormon von β-Endorphin, ließ keinen Zusammenhang mit der Höhe der Schmerzschwelle erkennen. Kortisolanstiege bei Schwangeren und Nichtschwangeren korrelierten dagegen mit der Höhe der Schmerzschwelle, für DHEAS war ein gegenteiliges Verhalten nachweisbar. Höhere 17-β-Oestradiolspiegel korrelieren bei Nichtschwangeren mit niedrigeren Schmerzschwellen. Für Progesteron war dieses Verhalten bei Nichtschwangeren jedoch nicht feststellbar. Hormonspiegel von Schwangeren auf hohem Niveau ließen keine Korrelation mit den erhöhten Schmerzschwellen erkennen. Die Zuordnung der Hormonspiegel von Progesteron und Oestradiol von Schwangeren und Nichtschwangeren mit den Schmerzschwellen ergab ein ausgeprägtes Korrelationsverhalten, welches aber statistisch aufgrund hoher Konzentrationsunterschiede in den Untergruppen nur bedingt aussagefähig ist.

Aufgrund vorliegender Literaturberichte ist aber ein ursächlicher Zusammenhang zwischen hohen Hormonspiegeln von β-Oestradiol und Progesteron und erhöhten β-Endorphin-Konzentrationen im Gehirn während der Schwangerschaft und Geburt deutlich, da die plazentaren Schwangerschaftshormone die neuronale Synthese endogener Opioidhormone fördern und somit indirekt an einer opioid-vermittelten, schwangerschaftsbedingten Schmerzmodulation beteiligt sein könnten.

Zusammenfassend läßt sich aus den vorliegenden Untersuchungen schließen, daß es während Schwangerschaft und Geburt beim Menschen zu einer endogenen Schmerzmodulation kommt, wobei endorphinerge und möglicherweise plazentar-steroidale Mechanismen von besonderer Bedeutung sind.

# Literaturverzeichnis

1. Adams AP, McQuay HJ, Paterson GM, Moore RA (1979) Biphasic plasma fentanyl levels. Anaesthesia 34:394
2. Adams JE (1976) Naloxone reversal of analgesia produced by brain stimulation in the human. Pain 2:161–166
3. Adriaensen H, Gybels J, Handwerker HO, Van Hees J (1983) Response properties of thin myelinated (A-δ)fibres in human skin nerves. J Neurophysiol 49:111–122
4. Akil H, Watson SJ, Barchas JD, Li CH (1979) β-endorphin immunoreactivity in rat and human blood. Life Sci 24:1659–1666
5. Azani J, Llewelyn MB, Roberts MT (1982) The contribution of nucleus reticularis paragiganto-cellularis and nucleus raphe magnus to the analgesia produced by systemically administered morphine investigated with the microinjection technique. Pain 12:229–246
6. Baron SA, Gintzler AR (1984) Pregnancy induced analgesia: effects of adrenalectomy and glucocorticoid replacement. Brain Res 321:341–346
7. Beck PW, Handwerker HO, Zimmermann M (1974) Nervous outflow from the cat's foot during noxious radiant heat stimulation. Brain Res 67:373–376
8. Becker LD, Paulson BA, Miller RD, Severinghaus JW, Eger EJ (1976) Biphasic respiratory depression of fentanyl-droperidol or fentanyl alone used to supplement nitrous oxide anaesthesia. Anesthesiology 44:291–296
9. Bessou P, Perl ER (1969) Response of cutaneous sensory units with unmyelinated fibres to noxious stimuli. J Neurophysiol 32:1025–1043
10. Bonica JJ (1967) Principles and practice of obstetric analgesia and anaesthesia. Davis, Philadelphia
11. Bonica JJ (1980) Labor pain: mechanisms and pathways. In: Marx G, Bassell J (eds) Obstetric analgesia and anaesthesia. Elsevier, Holland, pp 173–195
12. Bonica JJ (1982) Pain treatment: Introduction. Acta Anaesth Scand (Suppl) 74:5–10
13. Bretschneider HJ (1983) Wege einer patientenorientierten Forschung in der Anaesthesiologie. Anästh Intensivmed 24:91–98
14. Brinkhus HB, Zimmermann M (1983) Posterior thalamic neuronal activity during conditioned behaviour of cats. Neurosci Lett (Suppl) 14:43
15. Caldeyro-Barcia R, Poseiro JJ (1960) Physiology of the uterine contraction. Clin Obst Gynecol 3:386–408
16. Carlson AM (1983) Assessment of chronic pain: I. Aspects of the reliability and validity of the visual analogue scale. Pain 16:87–101
17. Carstens E, Klumpp D, Zimmermann M (1980) Differential inhibitory effects of medial and lateral midbrain stimulation on spinal neuronal discharges to noxious skin heating in the cat. J Neurophysiol 43:332–342
18. Carstens E, MacKinnon JD, Guinan MJ (1982) Inhibition of spinal dorsal horn neuronal responses to noxious skin heating by medial preoptic and septal stimulation of the cat. J Neurophysiol 48:981–991
19. Carstens E, Fraunhoffer M, Suberg SN (1983) Inhibition of spinal dorsal horn neuronal responses to noxious skin heating by lateral hypothalamic stimulation in the rat. J Neurophysiol 50:192–204
20. Cleland JGP (1933) Paravertebral anaesthesia in obstetrics. Surg Gynecol Obst 57:51–62
21. Croze S, Duclaux R, Kenshalo DR (1976) The thermal sensitivity of the polymodal nociceptors in the monkey. J Physiol 263:539–562

22. Csontos K, Rust M, Mahr W, et al (1978) Endorphine Faktoren bei der endokrinen Steuerung der Geburt. 42. Tagung der Deutschen Gesellschaft für Gynäkologie und Geburtshilfe, München, Abstractband, S 162

23. Csontos K, Rust M, Höllt V, Mahr W, Kromer W, Teschemacher HJ (1979) Elevated plasma β-endorphin levels in pregnant women and their neonates. Life Sci 25:835–844

24. Csontos K, Rust M, Höllt V (1980) The role of endorphins during parturition. National Institute of Drug Abuse. Research Monograph Series, pp 264–271

25. Das S, Chatterjee TK, Ganguly A, Ghosh JJ (1984) Role of adrenal steroids on electroacupuncture analgesia and on antagonizing potency of naloxone. Pain 18:135–143

26. Dehnen H, Willer JC, Prier S, Boureau F, Cambier J (1978) Congenital insensitivity to pain and the "morphine" like analgesic system. Pain 5:351–358

27. Dick W, Lotz P, Traub E (1978) Der Effekt von Naloxon auf Sauerstoffaufnahme, Lungenventilation und Herzarbeit bei erwachsenen, wachen Versuchspersonen. Prakt Anaesth 13:134–143

28. Dickenson AH, Sullivan AF (1986) Electrophysiological studies on the effects of intrathecal morphine on nociceptive neurones in the rat dorsal horn. Pain 24:211–222

29. Dick-Read G (1933) Natural childbirth. William Heinemann Medical Books, London

30. Dick-Read G (1944) Childbirth without fear. William Heinemann Medical Books, London

31. Du HJ, Kitahata LM, Thalhammer JG, Zimmermann M (1984) Inhibition of nociceptive neuronal responses in the cat's spinal horn by electrical stimulation and morphine microinjection in the nucleus raphe magnus. Pain 19:249–257

32. Duggan AW, North RA (1984) Electrophysiology of opioids. Pharmacol Rev 35:219–281

33. Ehrenreich H, Rüsse M, Schams D, Hammerl J, Herz A (1985) An opioid antagonist stimulates activity in early postpartal cows. Therengenology 23:303–324

34. El-Skoby A, Dostrovsky JA, Wall PD (1976) Lack of effect of naloxone on pain perception in humans. Nature 263:783–784

35. Evans JM, Hogg M, Lunn JN, Rosen M (1974) A comparative study of the narcotic agonist activity of naloxone and levallorphan. Anaesthesia 29:721–727

36. Fields HL, Basbaum AI (1984) Endogenous pain control mechanisms. In: Wall PD, Melzack R (eds) Textbook of pain. Churchill Livingstone, Edinburgh London Melbourne New York, pp 142–152

37. Fletcher JE, Thomas TA, Hill RG (1980) β-endorphin and parturition. Lancet 1:310

38. Ford CS (1945) A comparative study of human reproduction. Yale, New Haven

39. Friedman EA (1955) Primigravid labour: a graphicostatistical analysis. Obstet Gynec 6:567

40. Gebhardt GF, Sandkuehler J, Thalhammer JG, Zimmermann M (1984) Inhibition in the spinal cord of nociceptive information by electrical stimulation and morphin microinjection at identical sites in the midbrain of the cat. J Neurophysiol 51:75–89

41. Genazzani AR, Facchinetti F, Parrini D (1981) β-lipotropin and β-endorphin plasma levels during pregnancy. Clinical Endocrinology 14:409–418

42. Gessler M (1981) Klinisch-experimentelle Untersuchungen zur Wirksamkeit der elektrischen transkutanen Nervenstimulation gegen Hitzeschmerz. Inauguraldissertation der TU München

43. Gintzler AR (1980) Endorphin-mediated increases in pain threshold during pregnancy. Science 210:193–195

44. Gintzler AR, Peters LC, Komisaruk BR (1983) Attenuation of pregnancy-induced analgesia by hypogastric neurectomy in rats. Brain Res 277:186–188

45. Goldstein A, Pryor GT, Otis LS, Larsen F (1976) On the role of endogenous opioid peptides: Failure of naloxone to influence shock escape threshold in the rat. Life Sci 18:599–604

46. Goland RS, Wardlaw SL, Stark RI, Frantz AG (1981) Human plasma β-endorphin during pregnancy, labor and delivery. J Clin Endocrinol Metab 52:74–78

47. Goodlin RC (1981) Naloxone and its possible relationship to fetal endorphin levels and fetal distress. Am J Obstet Gynecol 139:16–19

48. Goolkasian P, Rimer BA (1984) Pain reactions in pregnant women. Pain 20:87–95

49. Guillemin R, Vargo T, Rossier J, et al (1977) β-Endorphin and adrenocortiocotropin are secreted concomitantly by the pituitary gland. Science 197:1367–1369
50. Greene IC, Hardy JD (1962) Adaptation of thermal pain in skin. J Appl Physiol 17:639–696
51. Grevert P, Goldstein A (1977) Effects of naloxone on experimentally induced ischemic pain and on mood in human subjects. Proc Natl Acad Sci USA 74:1291–1294
52. Gybels JH, Handwerker HO, Van Hees J (1979) A comparison between the discharges of human nociceptive nerve fibres and the subjective ratings of heat sensations. J Physiol 292:193–206
53. Hallin R (1984) Human pain mechanisms studied with percutaneous microneurography. In: Bromm B (ed) Pain measurement. Elsevier, Holland, pp 39–53
54. Handwerker HO (1984) Experimentelle Schmerzanalyse beim Menschen. In: Zimmermann M, Handwerker HO (Hrsg) Schmerz. Springer, Berlin Heidelberg New York Tokyo, S 87–123
55. Handwerker HO, Adriaensen H, Gybels J, Van Hees J (1984) Nociceptor discharges and pain sensations: Results and open questions. In: Bromm B (ed) Pain measurement in man. Elsevier, Holland, pp 55–64
56. Hardy JD (1953) Threshold of pain and reflex contraction as related to noxious stimulation. J Appl Physiol 5:725–740
57. Head H (1893) On disturbances of sensation with special references to the pain of visceral disease. Brain 16:1–132
58. Herz A (1984) Biochemie und Pharmakologie des Schmerzgeschehens. In: Zimmermann M, Handwerker HO (Hrsg) Schmerz. Springer, Berlin Heidelberg New York Tokyo, S 61–86
59. Höllt V (1984) Multiple endogenous opioid peptides. Trends in Neurosciences 6:24–26
60. Holaday JW (1985) Endogenous opioids and their receptors. In: Current concepts. The Upjohn Company, Michigan
61. Homma E, Collins JG, Kitahata LM (1983) Effects of intrathecal morphine on activity of dorsal horn neurons activated by noxious heat. In: Bonica JJ (ed) Advances in pain research and therapy. Raven Press, New York, pp 481–485
62. Hosobushi Y, Adams JE, Linchitz R (1977) Pain relief by electrical stimulation of the central gray matter in humans and its reversal by naloxone. Science 197:183–186
63. Hughes J, Smith TW, Kosterlitz H (1975) Identification of two related pentapeptides from the brain with potent opiate agonist activity. Nature 258:577–579
64. Huskinson EC (1983) Visual analogue scales. In: Melzack R (ed) Pain measurement and assessment. Raven Press, New York, pp 33–37
65. Jakob JJ, Tremblay EC, Colombel M (1974) Facilitation de réactions nociceptives par la naloxone chez le souris et chez le rat. Psychopharmakologica 37:217–223
66. Jansen MJ (1982) Meßtechnische Voraussetzungen zur Bestimmung der Schmerzschwelle durch Thermostimulation der Haut. Inauguraldissertation der TU München
67. Julliard HJ, Shibasaki T, Ling N, Guillemin R (1980) High molecular weight immunoreactive β-endorphin in extracts of human plasma is a fragment of immunoglobulin G. Science 208:183–185
68. Jurna I, Heinz G (1979) Differential aspects of morphine and opioid analgesics on A and C-fibre-evoked activity in ascending axons of the rat spinal cord. Brain Res 171:573–576
69. Kenshalo DR, Leonhard RB, Chung JM, Willis WD (1983) Effects of noxious stimuli on primate S 1 cortical neurons. In: Bonica JJ, Lindblom U, Iggo A, Jones LE, Benedetti C (eds) Advances in pain research and therapy. Proceedings of the 3rd World Congress on Pain, vol 5. Raven Press, New York, pp 139–145
70. Lamaze F (1970) Painless childbirth. Psychoprophylactic method. Regnery, Chicago
71. La Motte RH, Thalhammer JG, Tjöreborg HE, Robinson CJ (1982) Peripheral neural mechanisms of cutaneous hyperalgesia following mild injury by heat. J Neurosci 2:765–781
72. Le Bars D, Guilbaud G, Yurna I, Besson JM (1976) Differential effects of morphine on responses of dorsal horn lamina V type cells elicited by A and C fibre stimulation in the spinal cat. Brain Res 115:518–524
73. Levebre L, Carli G (1985) Parturition in non-human primates. Pain and auditory concealment. Pain 21:315–327

74. Levine JD, Gordon NC, Jones RT, Fields HL (1978) The narcotic antagonist naloxone enhances clinical pain. Nature 272:826-827
75. Lewis JF, Cannon TJ, Liebeskind JK (1980) Opioid and nonopioid mechanics of stress analgesia. Science 208:623-625
76. Loh HH, Tseng LF, Wei E, Li CH (1976) β-endorphin is a potent analgesic agent. PNAS USA 73:2895-2989
77. Martin WR (1984) Pharmacology of opioids. Pharmacol Rev 35:283-323
78. Mayer DJ, Price DD, Rafii A (1977) Antagonism of acupuncture analgesia in man by the narcotic antagonist naloxone. Brain Res 121:368-373
79. McEwen BS, McEwen BS, Weiss JM, Schwarz LS (1968) Selective retention of corticosterone by limbic structures in rat brain. Nature 220:911-912
80. Meites J, Bruni JF, Van Vugt DA, Smith AF (1979) Relation of endogenous opioid peptides and morphine to neuroendocrine functions. Life Sci 24:1325-1336
81. Melzack R (1975) The McGill pain questionnaire. Major properties and scoring methods. Pain 1:277-299
82. Melzack R, Taenzer P, Feldman P, Kinch A (1981) Labour is still painful after prepared childbirth training. Can Med Assoc J 125:357-363
83. Melzack R (1984) The myth of painless childbirth (The John Bonica lecture). Pain 19:321-337
84. Millan MJ, Przewlocki R, Herz A (1980) A non-β-endorphinergic adenohypophyseal mechanism is essential for an analgetic response to stress. Pain 8:343-353
85. Millan MJ, Gramsch C, Przewlocki R, Höllt V, Herz A (1980) Lesions of the hypothalamic arcuate nucleus produce a temporary hyperalgesia and attenuate stress-evoked analgesia. Life Sci 27:1513-1523
86. Millan MJ, Millan MH, Czlonkowski A, Höllt V, Pilcher CWT, Herz A, Colpaert FC (1986) A model of chronic pain in the rat: Response of multiple opioid systems to adjuvant-induced arthritis. J Neurosci 6:899-906
87. Millan MJ (1986) Multiple opioid systems and pain. Pain 27:303-347
88. Millodot M (1977) The influence of pregnancy on the sensitivity of the cornea. Br J Ophthalmol 61:646-649
89. Neumark J, Pauser G, Scherzer W (1978) Der Wehenschmerz während der Geburt. Prakt Anästh 13:13-20
90. Neumark J (1984) Prophylaxe und Therapie des Geburtschmerzes. Speculum 2:8-16
91. Palahniuk RJ, Shnider SM, Eger EI (1974) Pregancy decreases the requirement for inhaled anesthetic agents. Anesthesiology 41:82-83
92. Parth P, Madler CH, Morawetz RF (1984) Charakterisierung der Wirkung von Analgetika durch experimentelle Schmerzmessung am Menschen. Anaesthesist 33:235-239
93. Perl ER (1971) Is pain a specific sensation? J Psychiatr Res 8:273-287
94. Perl ER (1976) Sensitization of nociceptors and its relation to sensation. In: Bonica JJ, Albe Tessard D (eds) Advances in pain research and therapy, vol 1. Raven Press, New York, pp 17-28
95. Pert CB, Snyder SH (1973) Opiate receptor: Demonstration in nervous tissue. Science 179:1011-1014
96. Pert A (1980) Psychopharmacology of analgesia and pain. In: Ng LKY, Bonica JJ (eds) Developments in neurology. Pain, discomfort and humanitarian care, vol 4. Elsevier, Holland, pp 138-190
97. Pfaff DW, McEwen BS (1983) Actions of progestin and estrogens on nerve cells. Science 219:808-814
98. Procacci P, Zappi M, Maresca M, Romano S (1974) Studies on the pain threshold in man. In: Bonica JJ (ed) Pain. Advances in neurology, vol 4. Raven Press, New York, pp 107-113
99. Procacci P, Zappi M, Maresca M (1979) Experimental pain in man. Pain 6:123-140
100. Riss B, Riss P (1981) Corneal sensitivity in pregnancy. Ophthalmologica 183:57-62
101. Rossier J, Bloom FE, Guillemin R (1979) Stimulation of human periaqueductal gray for pain relief increases immunoreactive β-endorphin in ventricular fluid. Science 203:279-281

102. Rust M, Csontos K, Mahr W, Höllt V, Zilker TH, Hegemann M, Teschemacher H (1980) Zum Verhalten von β-Endorphin in der Perinatalperiode. Geburtshilfe und Frauenheilkunde 40:769–777

103. Rust M, Gessler M, Zieglgänsberger W, Egbert R, Struppler A (1981) Untersuchungen zur epiduralen Opiatanalgesie. (Anaesthesiologie und Intensivmedizin, Bd 153) Springer, Berlin Heidelberg New York, S 49–53

104. Rust M, Csontos K, Teschemacher H, Mahr W (1981) Endorphine-Endogene Analgetika bei der Geburt? (Anaesthesiologie und Intensivmedizin) Springer, Berlin Heidelberg New York, S 70–76

105. Rust M, Csontos K, Höllt V, Teschemacher J, Mahr W, Zilker Th (1981) Zum Verhalten der Endorphine unter der Geburt. In: Struppler A, Geßler M (Hrsg) Schmerzforschung, Schmerzmessung, Brustschmerz. Springer, Berlin Heidelberg New York, S 82

106. Rust M, Gessler M, Egbert R, Zieglgänsberger W, Struppler A (1983) Verminderte Schmerzempfindung während Schwangerschaft und Geburt. Arch Gynec 235:676–678

107. Rust M, Weindl A (1983) Zum Nachweis von β-endorphin, β-LPH, α-MSA und ACTH in der Plazenta. Arch Gynec 235:677–679

108. Rust M, Keller M, Gessler M, Zieglgänsberger W (1984) Endorphinerge Mechanismen bei der Schwangerschafts-spezifischen Schmerzadaption. Anaesthesist 33:452

109. Rust M, Keller M, Egbert R, Graeff H (1985) Endorphinergic pain modulation during pregnancy and delivery. Arch Gynecol 237:57

110. Rust M, Keller M, Seebauer L, Graeff H (1985) Endogene Analgesie unter der Geburt – Zur Wirksamkeit von Pethidin. Anaesthesist 34:302

111. Rust M, Keller M, Böttger I, Jaenicke F (1986) Steroid hormones and pain modulation during pregnancy. Acta Endocrinologica 111 (Suppl) 274:156–157

112. Rust M, Deckardt R, Keller M (1986) Messung der Schmerzempfindung unter der Geburt. In: Martin E, Peter K, Taeger K (Hrsg) Anaesthesie und Geburtshilfe. Wissenschaftliche Verlagsabteilung Deutsche Abbot, Wiesbaden, S 109–121

113. Rust M, Egbert R, Keller M (1987) Endorphin mediated pain modulation during pregnancy and delivery. Vth World Congress on Pain, Hamburg, Abstracts, Nr. 785

114. Sachs L (1976) Angewandte Statistik. Planung und Auswertung. Springer, Berlin Heidelberg New York

115. Sawyok J, Pinsky C, La Bella FS (1979) Minireview on the specifity of naloxone as an opiate antagonist. Life Sci 25:1621–1632

116. Schaer HM (1980) History of pain relief in obstetrics. In: Marx G, Bassel G (eds) Obstetric analgesia and anesthesia. Elsevier, Holland

117. Schaer H, Baasch K, Resit F (1978) Die Atemdepression nach Fentanyl und ihre Antagonisierung mit Naloxone. Anaesthesist 27:259–266

118. Schmidt RF (1980) Somato-viscerale Sensibilität: Hautsinn, Tiefensensibilität, Schmerz. In: Schmidt RF, Thews G (Hrsg) Physiologie des Menschen. Springer, Berlin Heidelberg New York, S 229–255

119. Scott J, Huskisson EC (1976) Graphic representation of pain. Pain 2:175–184

120. Selye H (1941) The anaesthetic effect of steroid hormones. Proc Soc Exper Biol Med 46:116–121

121. Severin F, Lehmann WP, Strian F (1985) Subjective sensitization to tonic heat as an indicator of thermal pain. Pain 21:369–378

122. Simon EJ, Hiller JM, Edelmann I (1973) Stereospecific binding of the potent analgesic H-etorphine to rat brain homogenate. Proc Natl Acad Sci USA 70:1947–1949

123. Shyder SH (1977) Opiate receptors and internal opiates. Scientific American 236, 3:44–56

124. Speroff L, Glass RH, Kase NG (1983) Clinical gynecolgic endocrinology and infertility. Williams & Wilkins, Baltimore, pp 271–333

125. Staub U (1985) Kontroverse um die optimale Gebärhaltung – Vertikal versus Horizontal – am Beispiel der Trobiander, Papua, Neuguinea. Inauguraldissertation der TU München

126. Steinbrook RA, Carr DB, Datta S, Naulty JS, Lee C, Fisher J (1982) Dissociation of plasma and cerebrospinal fluid β-endorphin-like immunoreactivity levels during pregancy and parturition. Anesth Analg 61:892–897

127. Steinmann JL, Komisurak BR, Yaksh TL, Tyce GM (1980) Vaginal stimulation-produced analgesia is mediated by spinal norepinephrine and serotonin in rats. Soc Neurosci (Abstr) 6:454

128. Stoeckel H, Hengstmann JH, Schüttler J (1979) Pharmacocinetics of fentanyl as a possible explanation for recurrence of respiratory depression. Br J Anaesth 51:741–745

129. Strahlendorf HK, Strahlendorf JC, Barnes CD (1980) Endorphin-mediated inhibition of locus coeruleus neurons. Brain Res 191:284–288

130. Struppler A (1980) Entstehung und Kontrolle des Schmerzes. Med Klinik 75:90–97

131. Takagi H, Satoh M, Akaike A, Shibata T, Kuraishi Y (1977) The nucleus reticularis gigantocellularis of the medulla oblongata is a highly sensitive site in the production of morphine analgesia in the rat. Eur J Pharmacol 45:91–92

132. Terenius L (1973) Sterospecific interaction between narcotic analgesics and a synaptic plasma membrane fraction of rat cerebral cortex. Acta Pharmacol Toxicol 32:317–320

133. Thomas TA, Fletcher JE, Hill RG (1982) Influence of medication, pain and progress in labour on plasma β-endorphin-like immunoreactivity. Br J Anaesth 54:401–408

134. Thind GS, Bryson TH (1983) Single dose suxamethonium and muscle pain in pregnancy. Br J Anaesth 55:743–745

135. Tjöreborg HE, Hallin RG (1977) Sensitization of polymodal nociceptors with C-fibres in man. Proc Int Union Physiol Sci 13:758

136. Tjöreborg HE, Hallin RG (1978) Recordings of impulses in unmyelinated nerve fibres in man afferent C fibre activity. Acta Anaesth Scand (Suppl) 70:124–129

137. Tjöreborg HE, La Motte RH, Robinson CJ (1984) Peripheral neural correlates of magnitude of cutaneous pain and hyperalgesia. Simultaneous recordings in humans of sensory judgements of pain and evoked responses in nociceptors with C-fibres. J Neurophysiol 51:325–339

138. Trudnowski RJ, Gessner T (1975) Gastric sequestration of meperidine following intravenous administration. Anaesthesiology, Abstracts ASA Meeting Chicago, p 327

139. Van Hees J (1976) Human C-fiber input during painful and non-painful skin stimulation with radiant heat. In: Bonica JJ, Albe-Fessard D (eds) Advances in pain research and therapy, vol 1. Raven Press, New York, pp 35–40

140. Vidal C, Jordan W, Zieglgänsberger W (1987) Corticosterone reduces the excitability of hippocampal pyramidal cells in vitro. Brain Res 383:54–59

141. Wardlaw SL, Wehrenberg WB, Ferin M, Antunes JL, Frantz AG (1982) Effect of sex steroids on β-endorphin in hypophyseal portal blood. J Clin Endocrinol Metab 55:877–881

142. Wardlaw SL, Thoron L, Frantz AG (1982) Effects of sex steroids on brain β-endorphin. Brain Res 245:327–329

143. Wardlaw SL, Frantz AG (1983) Brain β-endorphin during pregnancy, parturition and the postpartum period. Endocrinolgy 113:1664–1668

144. Weindl A, Rust M, Graeff H (1983) Immunohistochemical studies on opioid peptides in the human placenta. Life Sci 33:777–780

145. Willer JC, Boureau F, Dauthier C, Bonora M (1979) Study of naloxone in normal awake man. Effects on heart rate and respiration. Neuropharmacology 18:469–472

146. Willer JC, Bussei B (1980) Evidence for a direct spinal mechanism in morphine-induced inhibition of nociceptive reflexes in humans. Brain Res 187:212–215

147. Willer JC (1984) Nociceptive flexion reflex as a physiological correlate of pain sensation in humans. In: Bromm B (ed) Pain measurement in man. Elsevier, Holland, pp 87–110

148. Willis WD (1985) The pain system. In: Gildenberg PL (ed) Pain and headache, vol 8. Karger, Basel München Paris London New York Tokyo Sydney

149. Wylie WD (1953) The practical management of pain in labour. Lloyd Luke Ltd, London

150. Yaksh T (1981) Spinal opiate analgesia: Characteristics and principles of action. Pain 11:293–346

151. Yaksh TL, Hammond DL (1982) Peripheral and central substrates involved in the rostrad transmission of nociceptive information. Pain 13:1–85

152. Zieglgänsberger W, Tulloch EI (1979) The effects of methionine-and leucine-enkephalin on spinal neurones of the cat. Brain Res 167:53–57

153. Zieglsgänsberger W (1980) Pharmacological aspects of segmental pain control. In: Kosterlitz HW, Terenius L (eds) Pain and society. Chemie, Weinheim, 141–160

154. Zieglgänsberger W, Gessler M, Rust M, Struppler A (1981) Neurophysiologische Grundlagen der spinalen Opiatanalgesie. Anaesthesist 30:343-346
155. Zieglgänsberger W (1986) Central control of nociception. In: Mountcastle VB, Bloom FE, Geiger SR (eds) Handbook of physiology. The nervous system, vol IV. Williams & Wilkins, Baltimore
156. Zimmermann M (1984) Neurobiological concepts of pain, its assessment and therapy. In: Bromm B (ed) Pain measurement. Elsevier, Holland, pp 15-35
157. Zimmermann M (1984) Physiologie von Nozizeption und Schmerz. In: Zimmermann M, Handwerker HO (Hrsg) Schmerz. Springer, Berlin Heidelberg New York, S 1-43